古代的人

（美）房龙 著 林徽因 译

当代世界出版社

图书在版编目（CIP）数据

古代的人 /（美）房龙著；林徽因译 .—北京：当代世界出版社，2015.1
ISBN 978-7-5090-1005-1

Ⅰ. ①古… Ⅱ. ①房…②林… Ⅲ. ①长篇小说—美国—现代 Ⅳ. ①I712.45

中国版本图书馆 CIP 数据核字（2014）第 276091 号

书　　名： 古代的人
出版发行： 当代世界出版社
地　　址： 北京市复兴路 4 号（100860）
网　　址： http：//www.worldpress.com.cn
编务电话： （010）83908456
发行电话： （010）83908409
（010）83908377
（010）83908455
（010）83908423（邮购）
（010）83908410（传真）
经　　销： 全国新华书店
印　　刷： 北京市玖仁伟业印刷有限公司
开　　本： 880 毫米×1230 毫米　1/32
印　　张： 7
字　　数： 152 千字
版　　次： 2015 年 1 月第 1 版
印　　次： 2015 年 1 月第 1 次
书　　号： 978-7-5090-1005-1
定　　价： 35.00 元

出版总序

民国时期是中国从近代社会向现代社会转型蜕变的一个重要历史阶段。这个时期，政治风云变幻，思想文化激荡，内忧外患迭起。国家政治、经济、文化等均发生了翻天覆地的变化。新与旧、中与西、自由与专制、激进与保守、发展与停滞、侵略与反侵略，各种社会潮流在此期间汇聚碰撞，形成了变化万千的特殊历史景观。民国时期所出版的文献则是这一历史时期的全景式纪录，全面展现了民国时期波澜壮阔的历史画卷；精彩呈现了风云变幻的历史格局；生动描绘了西学东渐，学术思想百家争鸣的繁荣局面；真实叙述了中华民族抵御外族入侵，走向民族独立的斗争历程。因此，民国文献具有极其珍贵的历史文物性、学术资料性及艺术代表性。

民国时期是我国近代出版业萌芽和飞速发展的一个时期，规模层次各不相同的出版机构鳞次栉比，难以胜数。既有商务印书馆、中华书局、开明书店、世界书局、大东书局等这样著名的出版机构，亦有在出版史上昙花一现、出版物硕果仅存的小书局。对于民国时期出版物的总量，目前还没有非常精确的统计。国家图书馆在20世纪90年代，联合上海图书馆、重庆图书馆，以三馆馆藏为基础整理出版了《民国时期总书目》，收录中文图书124040种。据有关学者调查统计，这一数量大约为民国时期图书总出版量的九成。如果从学科内容区分，人文社会科学方面的出版物在数量上占绝对优势。

国家图书馆是国内外重要的民国文献收藏机构，馆藏宏富，并且作为国内图书馆界的领头羊，一向重视民国文献的保存保护。由于民国文献所用纸张极易酸化、老化，绝大多数已存在不同程度的损毁，难堪翻阅。为保存保护民国文献，不使我们传承出现文献上的断层，也为更多读者能够从不同角度阅读利用到民国文献，2011年，国家图书馆联合国内文献收藏单位，策划了“民国时期文献保护计划”项目。随着项目的展开，国家图书馆在文献普查、海外文献征集、整理出版等各方面工作逐步取得了重要成果。

典藏阅览部作为国家图书馆内肩负民国文献典藏管理职责的部门，近年来在多个层面加大了对于民国文献的保存保护力度，组建了专门的团队，对民国文献进行保护性的整理开发，先后出版了《民国时期连环图画总目》《国家图书馆藏民国时期毛边书举要》《民国时期著名图书馆馆刊荟萃》等。

然而，民国时期出版物种类繁多，内容丰富。就国家图书馆馆藏而言，从早期的中译本《共产党宣言》到我国的第一本毛边本《域外小说集》，从大批的政府公报到名家译作，涵盖之广，其所具备的艺术价值、史料价值，亦足令人惊叹。相较之下，我们的整理工作方才起步。为不使这些闪烁着大家智识之光的思想结晶空自蒙尘，为使更广大的读者能够从中汲取养料，我们会陆续择其精者，将其重新排印出版，希望读者能够喜欢。

国家图书馆

2014 年 9 月

郁 序

房龙的书，已经我们中国人翻译出来的，在我所晓得的范围以内，只有沈性仁女士译的《人类故事》。现在我的朋友林徽因译的《古代的人》，又在这里与中国的小朋友们见面了。

《人类故事》，我没有看过，可是这一本《古代的人》，因为徽因在翻译的当初，曾经和我商榷过几次，所以我的确是为他看过一遍的。

书的内容，和房龙的作书方法，在他的原序里，就可以看出来：

I am not going to present you with a text-book. Neither will it be a volume of pictures. It will not even be a regular history in the accepted sense of the word.

I shall just take both of you by the hand and together we shall wander forth to explore the intricate wilderness of the bygone ages.

房龙的这一种方法，实在巧妙不过。干燥无味的科学常识，经他那么的一写，无论大人小孩，读他的书的人，都觉得娓娓忘倦了。你一行一行地读下去，就仿佛是和一位白胡须的老头儿进了历史博物馆在游览。你看见一件奇怪的东西，他就告诉你一段故事。说的时候，有这老头儿的和颜笑貌，有这老头儿的咳嗽声音在内，你到了读完的时候，就觉得这老头儿不见了，但心里还想寻着他来，再要他讲些古代的话给你听听。

房龙的笔，有这一种魔力。但这也不是他的特创，这不过是将文学家的手法，拿来用以讲述科学而已。

这一种方法，古时原是有的，但近来似乎格外的流行了。像诗人雪莱（Shelley）的传记，有人在用小说的体裁演写，Abelard和Heloise的故事，有人在当作现实的事情描摩。可是将这一种方法，应用到叙述科学上来，从前试过的人，也许有过，但是成功的，却只有房龙一个。

Tyn Dall的讲结晶，Macaulay的叙历史，都不过是字面雄豪，文章美丽而已，从没有这样的安逸，这样的自在，这样的使你不费力而能得到正确的知识的。像这一种方法，我希望中国的科学家，也能常常应用，可使一般懒惰的中国知识阶级，也能于茶余饭后，得到一点科学常识，好打破他们的天圆地方，运命前定的观念。

最后，我还想说一说徽因的译这一本书的缘故。

去年他失了业，时常跑到我这里来。可怜我当时的状态，也和他一样，所以虽则心里很对他表同情，但事实上却一点儿也不能帮他的忙。有一天下雨的午后，他又来和我默默地对坐了半点钟。我因为没有什么话讲，所以就问他："你近来做点什么事情?"他嗫嚅地说："我想翻译一点书来卖钱。"我又问他："你翻译的是什么书?"他回答说，就是这一本《古代的人》。当时我听了很喜欢，因为他也能做一点可以完全自主，不去摇尾乞怜的事情了。但后来听他一说，"出版的地方还找不着!"我又有点担起心事来了，所以就答应他说："你译好了，我就可以为你出版。"后来经过了半年，他书已译好，但我为他出版的能力，却丧失掉了，所以末了只好为他去介绍给孙福熙。福熙现在又跑走了，他的那本《古代的人》，最后才落到了开明书店的手里。此刻听说书已排就，不日要付印了，我为补报他的屡次的失望起见，就为他做了这一篇序，虽然这序文是不足重轻的。

一九二七年，八月廿六，郁达夫于上海。

译者序

这已是去年夏天的事了：朋友仁松送了我几本《现代丛书》，其中的一本就是这房龙的《古代的人》。我看了觉得很有趣味，就打算把它译出；但是在已译到了三分之一的时候，我不知怎样终止了我的进行。

今年自我失业以后，很觉无聊，便时常去看看朋友们。一日在创造社，达夫问起我近来写了什么来没有。“什么都没有写，连已译了三分之一的《古代的人》也不高兴译下去。”他听了便鼓励我继续着译，并担任把它在创造社出版；我就费了一月的工夫，把它译完了。

不幸的人连译了的书也是不幸的，我刚把《古代的人》译毕，达夫正在那时离开了创造社；后经了再三的转折，才落到了锡琛先生的手里：这可说是一件不幸之中的幸事。

在这书付排的时候，我正在杭州，因此，本书的设计，全劳了景深先生的驾，而且插图中的文字也全由他译出，我特在此提出我对于景深先生的谢意。

末了，我谢谢达夫的鼓励与序文。

徽因 一六，一二，三，上海。

目　录

题　首

致罕斯机与威廉，

我的最亲爱的小儿们：

你们一个是十二岁，一个是八岁。不久你们便会长大成人。你们要离别家庭，去开创你们自己的生活。我已经想到那一日，踌躇着我能帮助你们些什么。终究我已得了一个观念。最好的指南针是彻底地了解人类的生长和经验。所以我要专替你们写一部特种的历史。

现在我拿了我的忠诚的科洛那（Corona，是笔的牌号）五瓶墨水一盒火柴和一束纸，而开始工作着第一集。如其一切顺利，接着还有八集，它们会给你们详述关于最近的六千年来你们所应当知道的事。

在你们开始读着以前，让我来释明我所想做的。

我不是在赠给你们一册课本。它也不是一卷画集。它甚至于不是一本历史，如同这两个字通常所含的意义一样。

我只是要手携着你们俩，我们要一起向前漂泊着，到这古代的，奥妙的旷野去探险。

我要指给你们，看神秘的江河，这似乎是没有起源的地方，而且被命定着达不到它终极的目的地。

我要带你们切近着危险的深渊，谨慎地隐藏在层出不穷的快乐的而又迷惑的，痴情之境（Romance）的下面。

往往我们要离开踏平了的道路，爬上一个孤独而寂寞的山峰，这山峰是高耸于周围的村庄的上面的。

除非我们非常地侥幸，我们有时要困迷于突然而起的稠密的无知之雾中。

我们无论到何处去，应披着人类的同情与了解的热诚的大褂，因为广漠的平原会变成不毛的沙漠——被卷于民众的损害和个人的贪欲的冷酷的狂潮；如非我们善备了来，我们要舍弃了我们的人类的信仰，那是，亲爱的小儿们能对我们的任何人所发生的最坏的事情。

我不愿自命为一个万事精通的向导。无论何时你们一有机会便可以跟别的那先前已经过了这同一路由的旅客们斟酌去。你可以把我的话同他们的观察比较一下，如果这引导你们到一不同的结论时，我决不会恼怒你们的。

以前我从没有训诲过你们。

如今我也不是在训诲你们。

你们知道这世界所盼望于你们的是什么——就是你们要做这共同事业的你们的一份，而且要勇敢、愉快地做它。

如其这些书能帮助你们，那是更好。

以我的全爱，我奉献这些历史于你们，并奉献给那些在生命之途上与你们为伴的男孩们和女孩们。

亨德里克·威廉·房龙（Hendrik Willem Van Loon）

一　历史以前的人

哥伦布要四星期多才能从西班牙航行到西印度群岛；反之，我们在如飞的汽船中只要十六小时便能驶过洋面了。

五百年前要三四年才能抄成一本书籍；我们有了活排铅字机和旋转印刷机，只要两天便能印成一本新书了。

我们很知道了些解剖学、化学、矿物学并熟悉了论千种的不同的科学，这些从前的人是连名字都不知道的。

然而在一方面，我们是跟原人一般地蒙然——我们不明白我们从何处来。我们不明白人类如何，为何或何时才进行到这“宇宙”中。我们虽恣意地想遍了千方万法，却依旧只能照着童话的老方法，这样起头：

“从前有一个人。”

这人生在几千百年以前。

他是怎样的相貌呢？

我们不知道。我们从没见过他的图像。有时候我们从深的古代的泥土中寻见他的几块骨骼来。它们搀和在早已绝迹于这地球的动物的骨骼中。我们用这些骨骼来重构成这曾做过我们祖先的奇异的形象。

人类的始祖是一种很丑陋而不动人的哺乳动物。他是十分地小。太阳的热光和冬日的烈风使他的皮肤转为深褐色。他的头和肢体的大部分都被长的毛发覆盖着。他的手好像猴子的手指很细，但很有力。他的前额是低的。他的牙床是像野兽的牙床一般，用牙齿如用刀叉。

他不穿衣服。除了以它们的烟和容石充满了这地球的隆隆的火山之焰外，他看不见火。

他住在潮湿而黑暗的深林中。

当饥饿的痛苦袭来时，他便吃植物的生叶和生根，或者从凶狠的鸟的窠内偷蛋。

有时，经过了长时间的耐心的追逐后，才好容易得到了一头麻雀或一只小野狗或一只兔子。这些他都是生吃的，因历史以前的人，还不知道食物可以煮来吃呢。

他的牙齿是大的，正像现在有几种动物的牙齿一般。

当白天时，这原人出去为他自己，为他的妻子并为他的女子找寻食物。

晚上呢，他听见了出来寻食的野兽可怕声音，便爬进一株空树中，或者藏在青苔和大蜘蛛的几块大石后面。

夏日他赤裸着受太阳光的焦灼。冬日他受严寒。

他受了伤时，并没有人来看护他，而且打猎是始终会折伤

有史以前的人

了他们的骨头，或扭转了他们的踝节的。

遇危险时，他会喊出一种警告他同族人的声音，这正像狗见了陌生人会叫一样。在好几方面，他还远不如一只养家的小狗或小猫动人。

总之，古人是很可怜的，他住在惊恐和饥饿的时代，他周围是论千的仇敌，他是永远被亲朋的幽灵作祟着，那些亲朋是已被狼熊或齿利如刀的虎所吞食了的。

关于这人的最初的历史，我们一些都不知道。他没有器具，也不盖屋。他生了死了，并不留一点他曾经存在的痕迹。从他的骨殖，我们才追知他是生在二千世纪以前。其余的是蒙昧不明。

直到了有名的“石器时代”，人才学得了我们所谓文化的初步原理。

关于这石器时代，我得详细地告诉你们。

二　宇宙渐渐地冷了

气候有所变化。

古人并不知“时间”是什么。

生日，结婚纪念或死期于他全无纪录。

日子，星期或年岁于他毫无概念。

当早上太阳升起时，他并不说“又是一天”。他说“这是‘光’”。他便利用了这朝日的光线去为他的一家采集食物。

天在渐渐地暗的时候，他回去，把他白天所得到的一部分（大概是些浆果和几只鸟雀）给他的妻子和小孩。他自己呢，吃饱了生肉便去睡觉。

他从长期的经验而知道了季候的变迁，寒冷的冬天过了，便照例地来了温和的春天，春天老去，便是炎热的夏天，那时果子也成熟了，稻麦等的穗也可采食了。夏天一过，暴风便来吹落树上的叶子，并且有些动物便爬进洞去过那长期的蛰伏。

季候老是这样变迁着。古人领悟了这些有用的寒来暑往的变迁，可是并不发生疑问他活着，那便很够使他满足了。

冰结的时代

然而，骤然有很使他烦扰的事情发生了。

炎热的夏天来得很迟。果子一些也不成熟。本来常被青草覆盖着的山顶，现在却深藏在一层厚厚的雪的底下了。

一日早晨，有一大群跟他山谷中的居民不同的野人，从高山上来了。

他们所说的话，没有一个人能够懂得。他们貌似瘦瘠而面现饥容。他们似乎的被饥寒所迫，而离了他们的老家。

这谷中的食物，不足供给新来旧在的两民族。他们想久居时，便发生了一场惊人的争斗，而全民族都被杀死了。其余的人便逃入了森林，以后也没有再见过。

好久好久并没有稍微重要的事情发生。

不过，老是日渐渐地短而夜较平时为冷。

后来，在两高山之罅窍间，显现了一小块微绿的冰块。这冰块日积月累地涨大。一条庞大的冰川很慢地从山坡上滚下来，大石块被冲入溪谷中。在惊天动地的声音中，大石块忽然从惊吓着的人民中滚过，而将正睡着的他们压死了。百年的大树被墙般高的冰块挤得粉碎，这无论对于人或兽是一般地没有怜恤之情。

终究，下雪了。

雪是整月整月地下着。

一切的植物全死了。动物奔就南方的太阳。这山谷便成了不能再居人的场所。人背了他的子女，带了几件用作利器的石

穴居人

片前去另觅新家。

我们不明白为甚这宇宙到了某一时期必得变冷。我们连那缘由都揣摩不出。

然而，气候的渐低，使人类起了一个重大的变化。

有一时，人类似乎要死得一个都不留。但是，结果，这气候的变化反造福于人类。气候杀尽了弱者的全体，使余生者为继续保存生命起见，不得不发展他们的智能。

临到了不能沉思便须速死的当儿，即用那前曾从石片做成斧头的脑筋，现在解决了些上代人从不曾想到过的困难问题。

第一步，来了穿衣的问题。若不借人工的遮蔽物，这简直会冷得受不住。在北极的熊、野牛和别的野兽身上，都有一层厚厚的毛以御冰雪之寒。人却没有这种类似的御寒物。他的皮肤是很柔弱的，而遭遇的却颇严酷。

他用了很简便的法子解决了他的穿衣问题。他掘了一个地洞，用枝叶小草等覆盖着。熊走来的时候，便跌入这人工的地穴中。他等到它饿得疲乏时，便用大石击死它。他用块锋利的火石从它的背上割下了它的毛皮。于是他把它在稀疏的日光下曝干了，披在肩上，以享受熊曾享受过的幸福而安适的温暖。

其次，是住屋的问题。有许多动物是惯于睡在黑暗的洞中的。人也照样寻到了一个空洞。他跟蝙蝠和各种爬虫类住在一起，毫不介意。只要他的新屋能够使他得到温暖，他就满足了。

起雷阵的时候，时常树枝被电击倒了。有时全森林着了火，人看见过这些燎原之火，他走得太近时，便会被热气所冲去。现在他记起了火能生热。

本来，火老是做着人的仇敌的，现在却成为朋友了。

把枯树拖进洞来，再从着火的树林里取出尚未熄灭的树枝，拿回来引燃枯树，屋中便满布着特异而快适的热气。

也许你要笑，这些似乎全是很简易的事情。我们之所以把它们看成很简易，就是因为有人在许多许多年以前，用他的聪明早已想明了的缘故。然而当第一个洞中安适地用枯树引火时，比第一家人家用电灯时，更来得引人注意。

在后来有一特殊伶俐的人，偶得了将生肉掷在火灰中煨了吃的观念时，在人类知识的总和上他已加上了一分，这使穴居的人觉得已到了文化的顶点。

如今我们听到又一惊异的发明时，我们是很骄傲的。

“人的悟性，还能更有所成就吗?”我们问。

我们满意地笑，因为我们住在这超凡的时期内，从没人有过如我们的工程师和化学家所成就的如此的奇事。

在四万年前，这宇宙还在冻得死人的时代，有一不栉不沐的穴居的人（用他的褐色的手指和他的大而白的牙齿，旋去一只半死了的小鸡的毛——将毛和骨随地弃了做他和他的全家人的床褥的），学得了怎样生肉会从火之余烬中变成可口的食物时，也会觉得一样的快乐，一样的骄傲。

“怎样可惊异的年代呀。”他会说。他会躺在他那当饭粮吃了的动物的腐烂的骨骼中，而幻想他自己的完满，那时小狗般大的蝙蝠不息地飞过洞穴，小猫般大的耗子从废堆中搜寻余粒。

那是常有的事，山洞被四围的岩石压坍了。于是人也搀和在亲自为他牺牲的动物的骨头中。

数千年后，人类学家（问你的父亲，那是什么意思）带了他的小铲和独轮车来了。

他掘，掘，掘，终究掘出了这幕陈旧的悲剧，由此，我也可告诉你们关于它的一切。

三　石器时代的终了

在严寒期，为生存的挣扎是可惊的。有好几种人和动物，我们寻到了他们的骨头的，可是，在这地球上，已绝了他们的踪迹。

全种族均被饥寒与缺乏所抹去。年幼的先死，继而年长的也死。古代的人是听命于那赶速来占据这无可防护的山洞的野兽。直到气候又改变了，或者空气中的湿度渐低，至使那些野性的侵占者不可再生存时，他们便被逼的退住到阿非利加丛林中去，至今他们还是住在那儿。

因为那些我所一定要叙述的变迁，是这样地迟迟的，这样地渐渐的，我的这一部分的历史，便很不容易写了。

自然是永不急躁的。她有成就她事业的无穷的时间，她能以深思熟虑供给于必要的变迁。

当冰块远降于山谷之下而散布在大部的欧罗巴大陆上时，历史以前的人至少已生存过四个明确的时代。

大约在三万年前，其中的末一时代到了它的终点。

从那时以后，人留给了我们器具、兵器和图像以证明他确然存在过，而且，我们大概可以说历史开端了，当末了的一个严寒时代成为过去的事实时。

为生存的无穷的竞争，给了余生者以许多的知识。

当时的石器和木器，如我们今日的铁器一般地通行。

拙笨的碎片的火石斧，渐渐地变成更切实用的磨光的火石了。人用了这可袭击那自始便给制伏着的许多动物。

庞大的象不再见了。

麝牛退居于南北极一带去了。

老虎到底离开了欧罗巴。

穴居的熊不再食小孩了。

一切生物中最柔弱而最无助的“人”，用了他强有力的脑筋，造出了如此可怕的破坏器，他现在成了动物界的领袖了。

对于“自然”的第一次伟大的胜利已经得到，但是其余的不久便也继续着。

完备了渔猎的两种器具，穴居的人便去寻觅新居留地了。

湖边河沿是最容易得到日用粮食的地方。

人类舍弃了旧穴而移向水边去了。

现在人能执了重重的斧头不很费事地将树砍下来了。

鸟类不断地用木片和青草在树枝中造成它们安适的窠。

人抄袭了它们的成法。

他也为他自己造了一窠而叫它做“家”。

除了亚细亚的一小部分外，他并不附着树枝造，那里他嫌太小些，并且生活也不安全。

他砍下了许多木材，将这些木材密密地推下柔滑的浅湖的底下去。在那些上面，他筑一座木头的平台，在平台上面，盖他的破天荒的木屋。

这使他得到了较旧穴更多的利益。

没有野兽和劫夺者能够侵入这屋子了。湖的本身便是一间用不尽的贮藏室，那里供给着无穷的鲜鱼。

这些造在桩上的屋子，比旧穴要坚固得多，而且小孩也由此得到了一个长成健全的人的机会。人口稳定地增长着，从没被占据过的广阔的旷野，人也开始去占据了。

与时俱进的新发明，使得生命更安适而少危险。

实在，这些革新，不是借了人的聪明的脑筋。

他仅仅抄袭了动物。

你们自然知道有很多的兽类，当物产丰富的夏天，收藏了许多坚果，橡实和别种食物以备长冬之需。只要看松鼠，它永远为冬季和早春在它园中的储藏室内预备着食品，就可以明白了。

有些地方知识还不如松鼠的古人，还不知怎样为将来预存些东西。

他吃饱了便任凭那些剩余的东西腐烂掉，因为当时他不需要它，结果，到了寒天，他时常得不到他的食物，因此，他的大多部分的小孩便死于饥饿和缺乏之中了。

后来他学了动物的样子，当收获正盛，谷麦正多的时候，收藏得很丰富，以备将来之用。

我们不知道哪一个天才创始用陶器，然而他是应得建像的。

大概的情形是这样的，有一女子做倦了她日常的厨下的工作，打算对她的家政稍微弄出一些条理来。她注意到暴露在日光之下的泥块会炙成坚硬的质地。

如一块平的泥会变成一块砖瓦，那么，一块微凹的泥也一定会变成一件微凹的东西。

注意，砖瓦变成了陶器时人类便能为明天保存食物了。

如果你以为我赞美陶器的发明是夸大的，你就留心你晨餐桌上的陶器（有各式各样的），看它在你的生活中有怎样的意义。

你的雀麦面是用盆子盛着。

乳酪是用瓶子装着。

你的鸡子是放在碟子内，从厨房里送到你的餐室的桌子上。

你的牛乳是倒在有柄的瓷杯内送给你。

再到贮藏室去（如果你家里没有贮藏室，到最近的一家熟食铺去），你会看见各种食物，也许明天就得吃着的，也许要到下星期或明年才得吃着的，都放在缸内、瓶内、杯内和别种人造的容器内，那些“自然”并没有为我们设备，只好由人发明而完成之，因为那样才可以一年到头无乏食之虞。

就是一个煤气池，也不过是一只大缸，所以用铁做者，因为铁没有瓷般容易碎，没有粘土般多微隙。桶、瓶、壶、罐等也是如此。它们都是同样地用来给我们为将来保存现时所多着的食物。

因它能为他日的需要而预存可吃的东西，人才种了菜蔬和五谷，余下的保存了以备将来之消用。

这可解明了为甚我们从石器时代的后期，寻到了最初辟成的麦田和菜园，群集在先前的桩上居民（Pile-dwellers）的居留地的周围。

这也可使我们明白为甚人结束了他的漂泊的生活而占着一固定的地点，在那里生着他的子女，直到死了，便合适地葬在他本族的中间。

这是可信的，如果我们这些最初的祖先能继续活着，他们定会随意地脱出了他们的野蛮。

然而骤然地一个终期隔离了他们。

历史以前的人是发现了。

有一个从无穷的南方来的旅客，勇敢地经过了狂暴的海和险峻的山路而达到了野人聚居的中欧罗巴。

在他的背上他负了一个包。

他展开他的物品在土人面前。土人们一看，不觉张口结舌，

有史以前人类之发现

惊诧不已，他们的眼不转睛地注视着，这些奇怪东西是他们连梦想都从不敢梦想的。

他们看见古铜的锤和斧，铁制的器具，铜制的盔和美丽的饰物等，其中有一种是五颜六色的东西，那从外国来的人称这东西为“玻璃”。

当夜石器时代便到了它的终极。

一个新进的文化来补充了，它掷弃了几世纪来的木石的器具，而埋下了那“铁器时代”的基础，这至今还是持续着。

此后我要在此书中对你们详述的就是关于这新文化；而且如你们不介意，我们要将北大陆搁置二千年而一访埃及和西亚细亚。

“然而，”你要说，“这是不公允。你应许我们讲解历史以前的人的，可是才在感到那故事的兴趣时，你便结束了那一章而跳到世界的别一部去了，而且，不管我们的喜欢不喜欢，也得跟着你跳。”

我知道，这似乎做的不大对。

不幸地，历史绝不跟数学相同。

你解答数学习题时，你是从子到丑，从丑到寅，从寅到卯……按步就班地做去。

历史是恰恰相反，与整洁和秩序是毫不相关的。从子跳到亥，然后跳回到寅，接着再跳到申。

这有一个完满的理由。

历史并不就是精密的科学。

历史是讲到人类的故事的，虽然我们颇想改变他们的天性，他们总不能照着九九表般整齐而精密的行为的。

从没有两个人丝毫不错地做过同样的事情。

从没有两个人的思想确切地达到同样的结论。

你长大起来时，你自己会观察得到。

几百世纪以前的情形并不两样。

我刚对你们说过，历史以前的人是在一步一步地进步着的。

他为活着，曾处治了冰雪和野兽，而且那些本来是很多的。

他曾发明了不少的有用的东西。

然而，那世界的别一部人突然进了这族来。

他们向前猛进得惊人，在一个很短促的时期内，他们达到了文化的最高点，这是在这地球上以前所从没发现过的文化。于是以他们所知道的去教导那些知识不如他们的人。

现在我已将这些对你们解释明白了，这不是似乎此书的每一章全该被埃及人和西亚细亚人所占去么？

四 人类之最初的学校

我们是实用时代的骄子。

我们坐在小的自动的我们叫它做汽车的里面，从这里旅行到那里。

我们要对住在千哩（英里旧也作哩）以外的朋友谈话时，我们便对橡皮管“哈罗”（Hallo）一声，并报了一个在芝加哥的德律风的某一个号数。

夜了，房间内渐现黑暗时，我们一扭机括便有光了。

如其我们觉到冷时，我们再扭另一机括，我们的书室内便布满了电汽火炉所发出的温适的光热。

反之，在炎热的夏天时，那同样的电流会鼓动成一种细微的人工的风波（就是电扇），使得我们凉爽而舒适。

我们好像是各种自然力的主人，我们役使它们如同很忠诚的奴隶般，为我们做事。

不过，在你夸诩我们的显赫的事业时，不要忘记了一件事。

我们在古代的人经了千辛万苦所筑成的聪明的基础上，建造着我们的近代文化的大厦。

以下数章，每页上会见到的他们古怪的名字，请你们不要惊诧。

巴比伦人、埃及人、加尔底亚人（Chaldeans）和萨马利亚人（Sumerians）是全已死去了，然而，他们依旧影响着我们生活中的每一件事：我们写的文字，我们用的言语，我们在造一座桥或建一幢高厦大屋之前，所必须解答的复杂的算题。

他们应得我们的怀念的敬意，直到这地球停止了在宇宙的广空中旋转为止。

现在我要对你们讲，这些古代的人民，是分住在三处的。

其中的二处，是建设在广阔的江河之两岸。

第三处位于地中海之滨。

最初的文化中心，发展于埃及的尼罗河流域。

第二个是在西亚细亚的二大河之间的肥沃的平原上，古代人给它起一个名字，叫作美索不达迷亚（Mesopotamia）。

第三个你会沿地中海之滨找到，那里居住着腓尼基人（Phoenicians），——全侨民之中最早者，还居住着犹太人，他们以他们的道德律的基本原理给予世界的其余部分。

第三个文化的中心，照古代的巴比伦的名字叫苏立（Suri），或者，照我们的发音是叙利亚（Syria）。

生在这些区域内的人民的历史有五千余年。

这是节复杂而又复杂的历史。

我不能对你们讲解得十分详细。

我要试将他们所经历的事迹编成一件织物，它会像你读过的瑟希辣最德（Scheherazade）讲给公正的哈纶（Harun the Just）听的故事中的使人惊异的毛毡之一张。

五　象形文字的释明

在耶稣生前五十年，罗马人克服了沿地中海东岸诸地，在新得的领土之内，有一国叫作埃及。

在我们的历史中演了这样长一幕的罗马人，是讲实际的人类。

他们造桥，他们筑路，并且他们只用了不多，但是深有训练的军队和民政长官管领了大部的欧罗巴，东阿非利加和西亚细亚。

至于艺术和科学，他们并不感到深切的兴味。他们狐疑地以为能品箫或能写一首咏春之诗的人，是比较能走绳索的或教养得他的哈巴狗会用后足立起来的伶俐人稍高一筹而已。他们让那些事情给他们所藐视的希腊人和东方人去做，他们自己呢，只是日夜地整顿他们的本国和很多的领土所组成的大帝国。

当他们初到埃及时，埃及已古老得可惊了。

等到埃及人有历史时，早已过了六千五百余年。

在还没有人梦想到在台伯河（Tiber）的湿地中造一城市的好久之前，埃及的帝王们便已管领着广阔的领域，而以他们的宫殿为各种文化之中心了。

当罗马人还在野蛮，用笨拙的石斧狩猎狼和熊时，埃及人已在著书，已在施行微妙的医学上的手术，并已在教他们的小孩九九表了。

他们的发明中最重要而最惊奇的，要算他们的子子孙孙都能由此得益的，那保存他们口讲的语言和脑想的意思的艺术了。

我们称它做书写的艺术。

我们是这样地跟文字不可须臾离，竟不明白人们没有了书籍、报纸和杂志怎样能够生活着。

然而，他们是那样生活过了的。他们生存在这地球上的初期的百万年进步得如此之迟，这便是一个主要缘由。

他们是像猫狗般，只能教它们的小猫小狗一些简略的事情，如爬树见了生人便叫等类；因他们不能书写，他们便无法来袭用他们无数的祖先的经验了。

这唠叨得几乎可笑，不是吗？

为何对于如此平常的事情要这般的大惊小怪？

然而，当你写信时，你曾停过笔想过什么来没有？

比如你是到山中旅行而见了一只鹿。

你想将这个告诉给你住在城中的父亲听。

你怎么办？

你在一张纸上点了许多的点，划了许多的划，你更加了些点，划在信封上，并粘上了两分邮票，便将你的信投进邮政箱去了。

你真做了些什么来？

你将潦草的七弯八曲的字，代替了你口讲的言语。

然而你怎知你画了些这样的曲辫子，会使邮政局员和你的父亲重译做口讲的言语呢？

你知道，因为已经有人教过你画怎样的正确的形像便代替了怎样的口讲言语的声音。

我们稍用几个字母来看它们造成的法子。

我们发一喉音而写下了“G”。

我们让空气从我们紧闭着的牙齿流出而写下了“S”。

我们张大了我们的嘴，如汽机般发出一音，那声音便是“H”。

这人类在几千百年中所发现的，给埃及人去成就了。

当然，他们并不是用印成这本书所用的字母。

他们有他们自己约组织。

那比我们所有的美丽得多，不过稍微复杂一些。

那是由房屋和农场四周的小物件的图像所组成的，如刀、犁、鸟、壶、盆等。他们的律法师将这些小图像刻画在庙宇的墙壁上，在他们死了的帝王的棺材上，和在干了的纸草的叶子上——我们“纸”（Paper）的一字，就是从埃及的纸草（Papyws）一字而来。

但当罗马人进了这广大的藏书室时，他们显然地，既不消魂，又不动情。

他们有他们自己的文字的组织，他们以为它们要高超的多。

他们不知道希腊文（他们的字母是从这里学得来的）是转从腓尼基文得来，而腓尼基文又是借助于古老的埃及文，才告完成的。他们不明白，他们也不留意。在他们的学校里面，只许教罗马文；所能满足了罗马小孩的，便能满足了任何人。

你会明白，在罗马长官的轻视和抵制之下，埃及的语言便不再存在了。这是已被忘去了。这种死去，正如我们有好几族的印第安人的语言已成为过去的事物一样。

继罗马人以管治埃及的阿拉伯人和土耳其人，憎恶一切与他们的圣经可兰所不同的文字。

后来在十六世纪的中叶，有几个西国的访游者来到埃及，而对于这些奇特的形象稍感兴味。

然而没有一个人解明它们的意义，而且，这些第一起来的欧罗巴人，只有跟那先他们来此的罗马人和土耳其人同等的智力。

事情发生了，在十八世纪的末叶，有一姓波那帕脱的法兰西将军来到了埃及。他并不是去研习古史。在军事上，他想用埃及来做他远征印度（不列颠的殖民地）的起点。这远征是完全失败了，然而他助成了解决古埃及文的神秘的问题。

在拿破仑波那帕脱的军队中，有一少年军官叫布鲁萨得（Broussard）的，他是屯扎尼罗河西口（这叫作罗塞达〈Rosetta〉河）上的圣犹利安（St. Julien）堡垒。

布鲁萨得喜欢在尼罗河下游的残墟中去详探细究；一日，他得到了一块石头，这使他十分地难以索解。

这像近处的别的东西一般，上面刻着象形文。

然而这块黑的火成石片跟以前所发现的都不同。

这上面刻着三种文字。快活啊！其中之一种是希腊文。

希腊文是懂得的。

这几乎可确定，那节埃及文包藏着希腊文的译文（或者说那节希腊文包藏着埃及文的译文），因此，启发古埃及文的钥匙，彷佛已发现了。

然而经过了三十余年艰深的研习，那适合那锁的钥匙方才制成。

于是神秘的门开了，而埃及的古代的宝藏室也只好献出它的秘密。

那一生在阐解这种文字的工作的是冉弗朗沙善波力温（Jean Francois Chenpollion）——我们通常称他小善波力温以别于他的哥哥（他也是一个很博学的人）。

法兰西革命猝发时，小善波力温还是一个小孩，所以他避

象形文字的探讨

免了在波那帕脱将军的军队中服务。

当他的同胞接连地在得到荣耀的胜利时（也时常败下来，这是大军队所常有的事），善波力温在研究科普脱（Copts）——埃及本国的基督教——派的语言。十九岁时，他被任命为一所小的法兰西大学的历史教授，在那里他开始他的翻译古埃及的象形文的伟大工作。

为此，他用了那块有名的罗塞达的黑石，就是那布鲁萨得在尼罗河口附近的残墟中所发现的。

那最初发现的石头依旧在埃及。拿破仑被逼得赶快地离去了这国度而顾不到那珍品了。后来英吉利人在一千八百零一年克复了亚历山大里亚（Alexandria），他们得到了那块石头，便带它到了伦敦去，便在今日你还可从英吉利博物院见到它。然而那刻文已抄了下来，带到了法兰西去，而给善波力温用去了。

希腊文是很清楚。刻着的是托勒密五世（Ptolemy V）和他的妻子姑娄巴（Cleopatra，就是莎士比亚所写的又一姑娄巴的祖母）的故事。然而其余的两种刻文还不曾献出它们的秘密。

其中之一种是象形文字，这是我们给有名的古埃及文的名字。这象形文字（Hierogely phio）一字，是希腊文，意思是“圣刻”（Saored carving）。这字用得很好，因它将这文体的目的和性质全给解明了。发明这种艺术的祭师不欲平民跟这深含神秘性的保藏着的语言太为接近。他们使文字成为一种圣的事业。

它满含着神秘和训令，因此象形文字的雕刻看做一种圣的艺术而不许人民为了如此平常的商业的目的而实习。

这条规例，在只有住在家里，而种植他们所需要的每种东西在自己田场内的纯朴的农民居住时，一迳能通行着。但埃及渐成为一商埠，而那些经商的人，除了口讲的语言外，还须一种互达意思的方法。所以他们胆大地采用了祭师的小的图像，并为他们自己的利便，而将它们简单化了，自后他们用这一种新的文体写他们的商业信件，这便成了“民众的语言”，我们叫“民众的语言”也是根据了希腊文的原意而来的，

罗塞达石上的其余两种是希腊文的译文，一种是圣的，一种是民众的，而善波力温即由此二种文字从事他的研究。他尽力所能及地搜寻了各种埃及的文体，用来和罗塞达石比较而研究之，直到刻苦耐劳了二十年，才明白了十四个图像的意义。

那就是说，他每释明一个图像，要费去一年多的光阴。

后来他到埃及去，在一千八百二十三年他印出了他第一册以古象形文字为题的科学书，九年后他因操作过度而死了，他是个真实的殉于伟大的事业者，这事业在他童子时便已从事着。

然而，他人虽死，他的事业不死。

别人继续着他的工作。今日埃及古物学者（Egyptologists）能读象形文字正如我们能读我们的新闻纸般容易。

二十年工夫只释明了十四个图像的工作似乎很慢。但是让我来告诉你们些善波力温的困难。于是你便会明白，你明白了，你便会叹服他的艰苦的工作。

古老的埃及人没用过简易的号语（Sign language），他们越过了那一步。

自然，你是懂得号语是什么的。

每本印度的故事书里面都包含着一章异闻，那是用图像写的。小孩在某某种场合中，如猎牛者或印第安的战斗者，间有为他自己发明一种号语；一切的童子军全都懂得。然而埃及的很有些不同，我要用几个图像来给你解释清楚，比如你是善波力温在读一件古代的纸草片，那是讲到一住在尼罗河畔的农人。

忽然你读到一个持锯人的图像。

“得啦，”你说，“那图像的意思，自然这农人出去锯下一株树来。你大概猜的不错。”

你又拿起一页象形文字。

里面是讲到一个年已八十二岁的皇后的故事。正在那页中间又看到了那同样的图像。至少，那是很踌躇了。皇后们是可以不用去锯树的。她们可以差别人代她们去做。年轻的皇后也许为操练的缘故而锯树，但八十二岁的皇后是跟她的猫儿和纺车住在屋内了。然而，那却有那图像。那画它的古时的祭师，既将它置在那儿，必定有一种意义。

他究竟有什么意义？

那谜语终究给善波力温解出了。

他发现埃及人是最早用我们所谓“谐音文字”（Phonetic writing）的人。

正如其余许多含科学意思的字一样，“谐音”一字的语源是出于希腊。它的意思是“我们说话时所用的声音的科学”。你们早已见过这希腊字“Phone”，这字的意思是声音。它出现于我们的“电话”（Telephone）一词中，那是传递语声至远处的机器。

古时的埃及语是“谐音的”，这比号语的范围广得多。那原始式的号语，自穴居的人起始在他屋子的墙上刻画野兽的图像时，就已用着了。

现在让我们再回到那在讲老年皇后的故事中，突然出现的手拿锯子的小人儿处来一回。显然，他拿了锯子定有所作的。

“Saw”（锯子）或解作你可从木匠作中得到的一件器具，或解作动词“To Pel”（看）的既事式。

这是几世纪来这字所遇的遭际。

起初的意思是一人拿着一柄锯子。

继而这意思成了我们将三个现代字母 S，A 和 W 所拼缀着的发音。末了，将木匠器具的原意完全失去，而这图像便指了“看”的既事式。

这句仿古埃及的图像画成的现代英文句子会给你解明我的意思。

这或解作在你面部使你能看的两只圆东西，或解作“我”（I）[1]，就是在讲话或在写字的人。

这或指采蜜的，你想捉它时它会在你手指上刺一针的动物，或指动词“to be”，这字的发音相同而意思是“存在”（to exist），这字还可做动词如“be-come”（变成）“be-have”（行为）的前半字。同样蜜蜂（bee）的下面接着的我们推知是指“leave”（生叶子）或“leaf”（叶子）一字的发音的。将你的“bee”和“leaf”放在一起，那你便得到了缀成这动词“beeleave”或照如今我们所写的“believe”（相信）的二个字音。

[1] 眼睛（eye）与I谐音。——译者注

（“眼睛”，你是已知道了。）

末了的一个图像好像是只长颈鹿。这是只长颈鹿，并且这还是古号语的一部分，凡那觉得甚是利便的，便被继续着采用。

于是，你得到下面的一句句子，“我相信我看见了一只长颈鹿”（I believe I Saw giraffe）。

这种组织，一经发明，便被几千年来地改进着。

渐渐地许多最重要的图像变成了简易的字母或简短的字音如“fu”“em”“dee”或“Zu”，或如我们所写的，f，m，d和z。有了这些字的帮助，埃及人能写下任何他们所想写下的题材，并能毫不困难地将这一代的经验保存了，以便利于后代的子孙。

一句话，那就是善波力温用了他过度的，以至在他少年时即被戕杀了的过度的研求所教给我们的。

那也就是为甚我们今日知道埃及的历史较任何别一个古国都清楚一些的理由。

六　生之区与死之域

人的历史是一饥饿的生物寻求食物的纪录。

那里食物多而容易得到的，人便到那里去建他的家。

尼罗河流域的声名一定在很早的日子便远播着了。从各处来的野民群居在尼罗河的两岸。尼罗河的四周全被沙漠和海包围着，所以除了坚毅卓越的男子和女子外，到这肥沃的牧场来的甚是不易。

我们不知道他们是谁。有的来自阿非利加的中部，他们有卷曲的头发和厚的嘴唇。

有的皮肤略带黄色的从阿拉伯的沙漠和西亚细亚的宽广之河的那面来。

他们彼此为要占此奇境而战争。

他们造好了的村庄被他们的邻人毁坏，于是他们也去从那反被他们克服了的别一邻人处，夺取砖瓦来重造他们的村庄。

后来有一新的种族发达起来了。他们自称“来密”（Remi），这不过是“人们”的意思。他们对这名字很觉自豪，而且他们用这个名称犹之我们说美利坚是“上帝自己的国家”一样的意思。

当尼罗河的年潮泛滥的时季，他们居住在一个乡村中的小岛上，这个小岛为了有海和沙漠，是跟世界的别部隔离着的。无疑地，这些人民是我们所称的“独幅的”（incular），他们有乡居者的习惯，很少跟他们的邻人们有所接触。

他们是惟我独尊的。他们想他们的风俗，习惯终要比任何别族的都要好些。同样，他们以为他们自己的神祇要比别国的神祇有力。他们并非真是轻视外国人，不过对他们似有些可怜；如可能，他们不让他们住在埃及的领土内，恐怕他们本族的人民会给“洋气”（foreign nations）所同化。

他们是善心的，很少做残忍的事。他们是有耐性的，在事业之中他们是无所争的。生命是一平淡的赋予，他们把它看得很随便，从不像北方的居民般只为生存而竞争。

当太阳从血红的沙漠尽头的地平线升起时，他们到田间去工作。当太阳的最后的光线从山边隐下去时，他们回去睡觉。

他们刻苦地工作，跋涉，并用他们无智的淡漠和绝对的忍耐以忍受那所发生的无论什么事。

他们相信这生命不过是那新的存在的引端，那新的存在当死亡驾临时才开始，直到后来，埃及人看未来的生命远重于现世的生命时，他们便从繁殖的田地而转入于一洪大的神殿里去供奉死人。

死之域

因为大都的古流域的纸草卷讲的是宗教事情的故事，我们很准确地知道埃及人敬畏些什么神和他们怎样尽力于为那些已进永息之乡的人们谋种种的幸福和安适。起初每一小村各自有一神。

这神常被假定居在奇形的石头里面，或特大的树枝里面。跟他做好朋友是有益的，因他能降灾，并能毁坏收获和延长天旱的时期，直至人民和牛羊全被干死了为止。所以村民赠与他礼物——有时供奉东西给他吃，有时供奉一束鲜花。

当埃及人去和仇敌开战时。神祇是一定与俱的，甚至当他为一面战旗，在危急时，人民便在他的四周嘲笑他。

但当立国渐久，较好的街道也已筑好，埃及人也开始出外游行去了之后，那旧日的“非的希”（fetishes——神祇，就是这种木石块的称呼）便失去了他们重要的意义，而被毁灭了，或被弃在不注意的墙角边，或用来做阶石或椅子。

他们的地位是被那些较前者更有力的新的神祇占据去，他们是些影响着全流域的埃及人生命的自然力。

其中第一位神是使万物生长的太阳。

次之是尼罗河，这节制着日中的热度，并从河底带上丰富的粘土以使田地润泽而肥沃。

再次是在晚上乘着她的小舟划过弓似的天空的柔和的月；还有雷、电和任何种能祸福于生命的东西——依照他们的喜悦和嗜好。

现在我们可以在屋上植避雷针，或是造蓄水池以备夏季无雨时，不至绝了我们的生命。但是完全听命于自然之力的古人，却不容易处置它们。

反之，它们成了在他的日常生活中所弃不了的一部——自他刚放进摇篮直到他的身体预备作永息的那日止，它们老伴着他。

他毫不能意想到此种广大而有力的现象，如电光之闪烁或江河之泛滥，只是非具人性的事物。或人——或物——得做它们的主人，而管理它们，如机师之处治他的机器，或船主之驾驶他的船只。

于是总神（God-in-chieh）被创立了，如军队之有主帅。

在他的治下有班低级的属员。

在他们自己的领地以内，各自能独立行动。

然而，在影响全民众幸福的重要事情，他们得服从他们上司的命令。

埃及的无上神圣的主宰是叫作奥赛烈司（Osiris）。他的一生神奇的故事，一切的埃及的小孩全知道。

从前在尼罗河流域，有过一个名叫奥赛烈司的王。

他是一个善人；他教给他的百姓怎样耕种他们的田地；他为他的国度定了公正的律法。但是，他有一个恶的兄弟，他的名字叫塞司（Seth）。

现在，为了他是如此的善良，塞司嫉妒奥赛烈司。一日，他请他去赴宴；后来他说，他愿意给他看些东西。好奇的奥赛烈司问这是什么；塞司说这是式样滑稽的棺材，这会使人像穿套衣服般的合适。奥赛烈司说他愿意试试。所以他卧进了这棺材，但是他刚进去便“彭”的一声——塞司盖了盖。于是他召集了他的仆人，并命令他们将这棺材掷进尼罗河中去。

不久他的可怕的作为的信息传遍了全地。埃西（Isis），深爱她丈夫的奥赛烈司的妻子，立刻到尼罗河畔去；不多一会儿波浪将棺材冲上了岸来。于是她前去告诉她的儿子和剌斯（Horus），他在另一地方管理着。但是她刚刚离开，这可恶的兄弟塞司便打进了皇宫而将奥赛烈司的身体割做十四块。

埃西回来时，她觉察了塞司所做的事。她便拿起了十四块死尸而将它们缝合。于是奥赛烈司复活了。他便永远永远地做着管理第二世界的王，这人们的已离了身体的灵魂都一定要经过的。

至于塞司，恶者，他想逃避，但是奥赛烈司和埃西的儿子和剌斯早顺了他母亲的警告，捉了他并杀了他。

这有一忠心的妻子，一可恶的兄弟和一尽职的儿子（他为他父亲复了仇的）的，而且这最后的胜利是善胜服了恶的故事，成了埃及人的宗教命脉的基础。

奥赛烈司是奉为全生物，就是那在冬日似乎死去，然而到了次春仍能复苏的生物之神。因是来生（Life Hereaflir）的主宰，他末了审讯人们的行为，并且致祸于曾用残忍，奸诈和虐待过弱者的人。

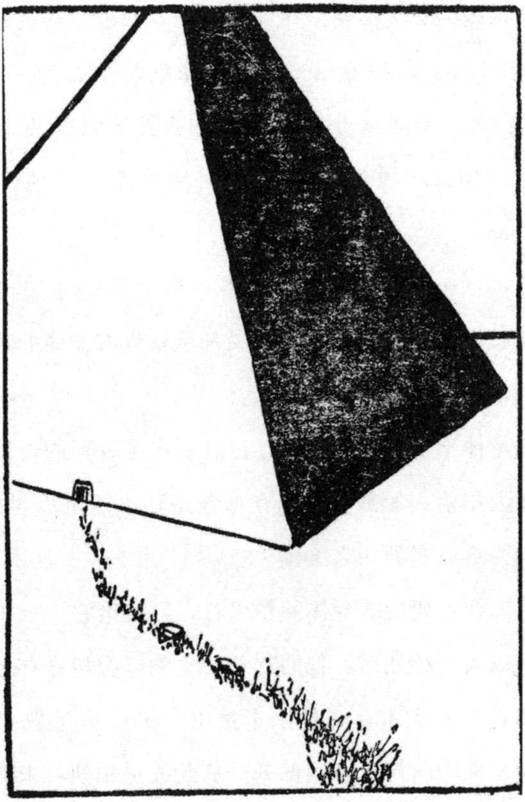

金字塔

至于死人灵魂的世界，是在西方之高山的那面（这也就是年幼的尼罗之家）。埃及人要说有人已死了时，便说他“已归了西”。

埃西跟她的丈夫奥赛烈司同享着崇奉和敬意。被奉为太阳神的他们的儿子和刺斯——太阳从那里落下去的“地平线”（Horizon）之一字即从此而来——成了新系的埃及王之第一位，并且一切的埃及的法老[1]全将和刺斯做了他们的中名（Middie name）。

自然，每一小城小村还继续着崇拜少数的他们自己的神祇。但是就大体而言，一切的人民都承认奥赛烈司的最高权能而欲得到他的恩赐。

这不是件不足重轻的事情，而且引出了许多的奇俗。第一件，埃及人相信，如其不能保存那曾寄住于这世界过的身体，灵魂便不得进奥赛烈司之王国。

无论怎样，死后的身体终得保存，且得给它一永久而安适的家。所以人一经死后，他的尸首便立刻以香料保存之。这是种艰难而复杂的手术。这种手术是由一半医生半教士的官员同一副手（他的职司是在胸部开一从此放进柏油，末药和肉桂的裂缝）的助力完成的。这副手是属于所视为人们中最被轻蔑的特种人民。埃及人想肯做这种施暴力于人（无论活的或死的）

[1] 法老：Phoraohs，埃及王之专名。——译者注

金字塔的筑成

的事情是可惊的；只有下等之最下等者才能被雇来做这种背民心的工作。

自后，教士重取了那身体，放进一种天然炭酸钠（这是专为此用从辽远的利比亚 Libya 沙漠取来的）的溶液中，浸十星期之久。于是这身体已经成为“干尸”（Mummy），因为这是满充以“末米亚”（Mumiai）或柏油。这是裹裹重裹裹地裹在一种特备的麻布里面，而将它放进一美丽地装饰了的木棺材，以备给运到它的西方沙漠的最后之家。

坟墓是一小间在沙漠的沙土之中的石屋，或者是在山边的一个空洞。

棺材已在中央放好后，这间小屋便布置以厨房器具，兵器和形似面包师和屠夫的偶像（泥的或木的），他们是指望侍候他们的死了的主人的，如其他有所需要时。更加上了笛和提琴，以给这坟墓之占据者消遣他在这“永远之家”（House of eternity）中所必须度过的长时间。

于是屋顶被沙覆盖着，而这死埃及人是静止于这长眠的安息中。

然而沙漠中是满布了狼和鬣狗等野兽；它们掘穿了木屋顶和沙土而进去吃了那干尸。

这是最可怕的，因为自后这灵魂是命定着永远的漂泊，遭受着人之无家般的烦闷。求这尸首的万全计，坟墓之四周筑着一道矮的砖墙；中空的地方实以泥沙和细石。这样做了，便造

干尸

成了一座人工的低的小山，因此这干尸可免了野兽和劫夺者的侵袭。

一日有一埃及人刚安葬好了他所曾特殊爱好的母亲，他便决定给她一种要超越一切在尼罗河流域中所曾经建筑过的纪念品。

他召集了他的农奴，叫他们造一几哩路外便能看见的人工的山。在这山的上面他盖一层砖瓦，使那泥沙不至被吹去。

人民喜欢这意思的新奇。

马上他们各不相让地设法超前，坟墓便离地面二十呎（英尺旧也作呎）三十呎四十呎地高起来了。

末了，一有钱的贵族，定造一筑以坚石的殡舍。

在安放干尸的真正的坟墓的顶上，他筑着高入空中几百呎的砖瓦垒。有一小小的过道通进地穸；当这过道用一块重大的花岗石板闭住后，干尸避免了一切的闯入而得安全。

自然，王在这种事情中不能给他的百姓胜过。他是全埃及最有势力的人。他是住在最大的房屋中，所以他是应得最好的坟墓。

别人所用砖瓦做的，他能用更贵重的材料做。

法老差遣他的官员到各处去召集工人。他筑路。他造营房给工人住和睡（即在今日你还可看见那些营房）。于是他动工，给他自己建一永远不灭的坟墓。

我们叫这一大堆的石工做“金字塔”（Pyramid）。

这字的来源是奇异的。

当希腊人游访埃及时，金字塔已经有了几千年了。

自然，埃及人招待他们的来客去沙漠中看这些奇观，正如我们招待外国人去察视武尔威士塔（Woolworth Tower）和布鲁克林桥（Rrooklyn bridge）一般。

叹服之至的希腊客人挥他的手，问这奇异的山是什么。

他的向导想他在问这非常的高度，便说“是的，它们真是很高”。

埃及的高字是“pirem-us”。

希腊人一定想这是全建筑的名字，给了它一希腊文的语尾，他叫它做“Pyramis”。

我们已将S换了D，然而我们仍用的一样的埃及字，当我们谈及沿尼罗河畔之石墓。

这许多金字塔中最大的（它是造在五十世纪以前）是五百呎高。

在墙脚它是七百五十五呎宽。

它占了十三余亩的沙漠地，这是等于圣彼得礼拜堂——基督教世界之最大的建筑——所占的地面三倍那么多。

在二十年中，十万以上的人用来从辽远的西奈（Sinai）半岛运石头——渡它们过尼罗河（他们怎样处理这事，我们不明白）——适中地拖它们过沙漠；终究扯起它们于适合的位置中。

然而法老的建筑师和工程师完成他们的工作如此的尽善，以至于就是通进金字塔中皇陵的窄狭的过道，虽然从各方面压下来千千万万吨石头的可惊的重量，都不会被压得变了样。

七　国家之建立

如今我们全是“国家”的一分子。

我们也许是法兰西人或者中国人或者俄罗斯人；我们也许住在印度尼希亚（Indonesia，你们知道那是在哪儿?）的最远之一角，然而，无论怎样，我们都属于那新奇的人民的组织，这叫作“国家”。

这没有什么关系，无论我们承认王，皇帝或总统做我们的元首。我们生死全是这大团体之一小分子，而且没一人能逃避了这命运。

其实“国家”实在是一个新近的发明。

世界的最初的居民并不知道它是什么。

每一家族，生，打猎，工作和死都只为自己而且孤立。有时也有为了扩大抵抗野兽和别族野民之力起见，少数的家族联合成一宽弛的同盟，这叫作部落。但是一经危险已过，这几群人民便立刻仍各自为己，各自孤立。如其这弱者不能保护他们自己的洞穴，他们便只好听命于鬣狗和老虎，而且没有一个人深为悲伤，如其他们是被杀了。

简而言之，每人对他自己一种族；于邻居的幸福和安全他不负责任。这是渐渐地渐渐地改变了。埃及是第一个国度，在那里人民组织成了一个整理完美的帝国。

尼罗河对这有用的进化是负了直接的责任的。我已经对你们说过，在每年的夏季，大部的尼罗流域和尼罗之三角砂洲怎样地变成了广漠的陆地上之海。从这水得到了最大的利益，然而泛滥也是致命之患，这是必须在某种地方造坝和小岛，这会供给人和走兽一避难地，当八九两月时，虽然这些小的人工岛的建造是并非简易的。

没有别人帮助，单单一人或单单一家族或甚至一个小的部落，不能建造河坝。

每当河中的水开始上涨，使农人和他的妻子儿女以及家畜感到毁灭的恐惧，即使他不喜欢邻居，为了怕溺死的缘故，也不得不去访问全村落的人。

“需要”逼得人民忘了他们的微小的差异，不久全尼罗河流域都给人民的小结合占据着。他们常为共同的目的一起工作，他们互相扶助他们的生命和财产。

从如此的小的起源生出了第一个强有力的“国家”来。

这算是沿着进步的道上，前进了一大步。

这使埃及境内成了一个真能住人的地方。这意思是无法律的杀害的终了。这保证人命比以前有更大的安全，给部落中的

青春的尼罗河

较弱的分子一个生存的机会。如今当绝对的无规律的景象只在阿非利加丛林中存在时，这是难以想像一个个无法律警察，裁判官，卫生管理员，医院和学校的世界。

但是五千年以前，只有埃及是有组织的国家，大为邻人所嫉忌。这些邻人只能单手独臂地周旋他们的生命的困难。

然而一个国家并非只有人民就可组成的。

那里必要有几个施行法律的人，如遇有紧急之事时，还须有执行命令的人。惟一的元首，他们或称王，或称皇帝，或称沙（Shah，如在波斯），或称总统（如我们本国所称呼的）。倘若没有元首，便没有一国能够持久了。

在古埃及，每一村落承认村之长者的威权，他们是老年人，较年幼者有更富的经验。这些长者选出一个壮健的人，以命令他们的兵士，如遇战争时，并在有大水时，吩咐他们做什么。他们给他一个尊称以便跟别人有所区别。他们称他为王或者君，服从他的命令，为他们自己的共同的利益。

所以在埃及，史的最初期，我们从人民中寻出以下的分类：

大多数是农民。

他们的全体都是一般贫富。

他们被一个强有力的人管理着，他是他们军队中的总司令，他委任他们的审判官，他为共同的利益和安全建筑道路。

膏腴的山谷

他也是警察局的局长，拿捉盗贼。

为这些可贵的服务的报答，他从各人收入定量的金钱，这叫作税。然而这些税的大部分并非属于王的个人的。它们是委托于他为共同的事业所用的金钱。

但是不久以后有一类新的人民，既非农民，又非国王，开始发展着。这新的一类普通称做贵族的，是居在元首和他的国民之间。

从那些初期的日子，它已经在各国的历史中出现，它已经在各国的发展中演了一大幕。

我得给你们试释，这类的贵族怎样从最平凡的日常生活的环境中发展出来，它为甚么已维持它自己到了此日，越过了各种的反对。

为了使我的故事十分清楚起见，我已经画了一张图画。

它显示给你们五个埃及的农场。这些农场的原主已在好多年好多年的以前迁进了埃及各人已占据了一片空地而住下，在那里种五谷，牧牛，养猪，并做无论何种凡使他们自己和他们的儿女生存所必须的事情。显然地他们有同样的生存的机会。

后来有一个人做了五个农场的主人们的领袖，而丝毫不犯法律的，得握了一切他们的牧场和牛栏。这是怎样发生的呢？

收割后的一日，鱼先生（你在图上的象形中看他的名字）遣他的装载五谷的船到孟斐斯（Memphiis）镇卖他的货物给中

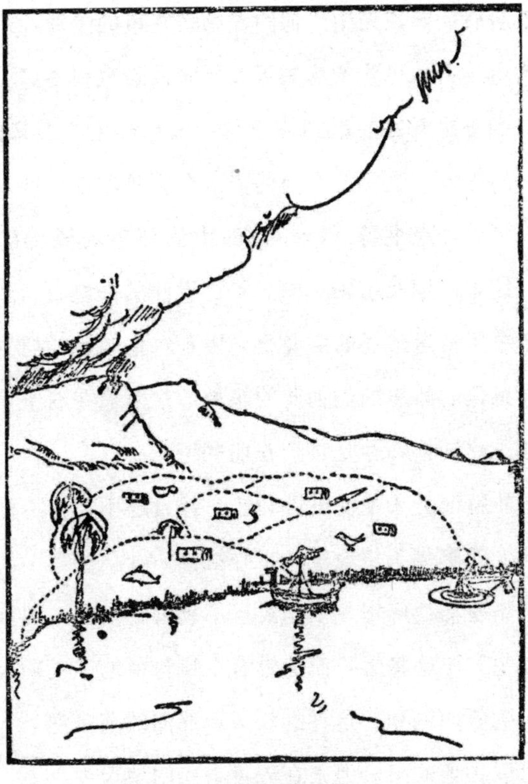

封建制度的原始

埃及的居民。这齐巧是农人的丰年，鱼于他的麦得了不少的金钱。十天后这船回转了家乡，船主把他所收到的金钱，交给他的主人。

几星期后，麻雀先生，他的农场是在鱼的隔壁，运他的麦到最近的市场去。可怜的麻雀近几年来的运气很不好。但是他希望给他的一次五谷的厚利的交易，以补偿他的近来的损失。所以他已经等着，直到孟斐斯的麦价会得稍稍高一些。

那天早晨，克里特（Crete）岛中的荒年的流传已经达到这村落。结果，埃及市场中的五谷已大涨其价格。

麻雀希望从这市场的突变得到厚利，他叫他的船主赶快。

船主把他的船上的舵如此的笨拙，这船撞在石上，沉下去了，溺死了这同伴，他是被覆在船底下。

麻雀非特全失了他的五谷和船，并且还不得不给他的那溺死了的同伴的寡妻十块金子，以作抚恤。

真是不凑巧，麻雀先生已经担不起再受损失，灾祸偏偏在这时候发生。冬季将近，而他没有金钱为他的子女购大褂。他已迁延了购新的锄和铲这样的长久，那旧的全已坏了。他没有了种子可以种他的田。他是在无可奈何的境况中。

他一点也不喜欢他的邻人鱼先生，然而无法可想了。他必须去，必须低首下心地请求少数金钱的借款。

他去访候鱼，鱼先生说他要多少，很愿意借给他，不过要他些担保品来作抵押。

麻雀说“是”。他愿意将他自已的农场做抵押。

不幸的关于那农场的一切，鱼全知道。它已属于麻雀的家族好几代。但是现在主人的父亲已让他自己给一个腓尼基商人欺骗得很厉害，我买了他的一对“弗里家牛”（Phrygiaoxen，谁也不知这名字是什么意思），据说这是很善的种类，它只需些微的食料而做出如普通埃及牛之两倍多的工作。年老的农人相信了这欺骗者的假正经的言语。他买了这神奇的动物，大为他一切的邻人所嫉忌。

他们没有证实它们的效验。

它们很笨拙，很迟缓并且出奇的懒惰；在三星期中，它们得了一种神秘的病症死去。

年老的农人遭受了打击是如此的愤怒，他的财产的管理是被留给了他的儿子，他认真地工作，但是并没有大效果。

他的五谷和船的丧失是末了的祸源。

小麻雀不是饿死，便是请求他的邻人助他以借款，只有这两条路可走。

鱼很熟知他全邻人的生活（他是那一种人，并非因为他爱讲闲话，但是从没人知道这种消息怎样会巧妙地得来），并且详细地知道麻雀的家庭状况，他觉得尽可坚持着某种条件，麻雀在下列的条件之下，能有一切他所需要的金钱。他须应许他每年给鱼做工六星期，并且，无论什么时候他须让他自由进入他的田地。

麻雀并不愿意这些条件，但是时日渐短，而冬季快来，并且他的一家没有食物。

他是不得不接受了。自从那时以后，他和他的儿女没有他们以前一样的十分自由了。

他们并非真成了他们邻人的仆役或奴隶，但是他们自己的生活依赖于他的仁慈。他们在路上遇见鱼时，他们立在一旁说："早安，先生。"是否答他们是听鱼的便。

现在他有很多的水边的田亩，如以前的两倍之多。

他有更多的田地和更多的工人。他能比以前的几年种植更多的五谷。近村人是谈论着他在盖的新屋。他大概是被尊为多财的要人。

那年夏天的后期发生了未之前闻的事情。

下雨了。

最老的居民不能想出这样的事，但是足足下了两天大而不停的雨，已被每人所忘记了它的存在的小溪，突然变成了猛烈的急流。在午夜从山上传下来雷声，毁灭了这占着在山脚下的石地的农人的秋收。他的名字是杯。他也是已从几百的先于他的杯们承袭着他的田地。这毁坏几乎是无法恢复。杯需要五谷的新种子，而且立刻需要它。他已听见过麻雀的故事。他也恨得去求惠于那到处以狡猾的买卖者闻名的鱼。但是终究他到了鱼的家里，卑下地请求几升麦的借项。他应允了每年在鱼的田内做两个足月的工作，方才如愿以偿。

鱼现在甚是顺利。他的新屋已经落成；他想他已到了给他自己做一家之长的时候了。

有一农人刚住在对面，他有一个年轻的女儿。这农人的名字是刀。他是一个从容不迫的人；他不能给他的女儿一份丰盛的妆奁。

鱼去访候刀，告诉刀说，他不在乎金钱。他是富足，他愿意不要一钱地携这女儿去。虽然，刀得应许遗传他的田地给他的女婿，如其他死了。

事情照这样做了。

遗嘱是合法地在一个公证人前缮就；婚姻成立了，鱼现在有了（或者是近乎有）四个农场的大部分。

这是真的，有一第五块农场适居于余者之中。但是名叫镰的产业，若不经过鱼所统辖的田地，不能运他的麦到市上去。再者，镰不是很有作为的，他愿意雇他自己于鱼，在他和他的老妻的日后的衣食住能得到供给的条件之下。他们没有儿女，这措置担保给他们以一安乐的晚年。当镰死时，一个远房的侄子出面，索取他伯父的农场的所有权。鱼放出狗去追逐他，那汉子便从没再见过。

这些事务已经延续至二十年。

杯、镰和麻雀家的后辈永没疑问地承受他们的地位。他们认老鱼做“老爷”，他们是多少依赖他的好意，如其他们要继续着生活。

这老人死时，传给他的儿子很多的田亩，和一个在他的紧邻中大有影响的地位。

小鱼像他的父亲。他是很能干的，并且有蓬勃的野心当上埃及王去征野性的柏柏（Berber）族时，他自行去投诚。

他是打得如此地勇敢，王任命他做王家税务课的征收三百所村庄的税务官。

常时有某某农人不能付出他们的税。

于是小鱼姑且给他们一笔小借款。

在他们知道他的以前，他们是在给王家征税员工作，以还他们所已借了的金钱和借款的利息。

一年年过去，鱼族无上地统辖了他们生长的地方。老家是最不适于给如此的要人住。

造了一个贵族院（照着底比斯 Thebes 的王家宴饮殿图样做的），一座高墙是建造着，阻挡着群众，让他们站得远远的，鱼如果没有带手枪的卫队随着他，他是永不出去的。

一年两次他到底比斯朝见他的王——他住在全埃及最大的王宫内，所以他是称做“法老”“大厦”（Big House）之所有者。

在他的某次朝见中，他带了鱼第三，这家族之创始者的孙子，他是一个美貌的少年。

法老的女儿看见了这少年，而欲得他做她的丈夫。婚礼用去了鱼大半的财产，但是他依旧是王家税务课的税务官，只要待人民残酷些，不到三年，他便能充满了他的保险箱。

当他死了，他是埋葬在一个小的金字塔中，正如他是王亲之一员，并有一法老的女儿在他的坟上哭。

那是我的故事，它开始于沿尼罗河畔之某处，它于三代中从一般卑下的祖先中提拔起一农人，而掷他于附近了皇宫的金銮殿的门外。

所遭逢于鱼的，也遭逢于多数具有同等能干而有财力的人。

他们独自成为一类。

他们彼此娶彼此的女儿，这样他们使得家财握在少数的人手中。

他们忠心地为王服役，如他的军队中的将校和他的税务课中的税务员。

他们留意于街路和水道的安全。

他们成就了许多有用的事业，在他们自己中，他们服从高贵的条款，很严格的法律。

如其王是不良的，贵族也易于做不良的。

王柔弱的时，贵族常打算把持这国家。

于是时常发生，人民从他们的激怒中起来，毁灭那些虐待他们的人。

许多的老贵族被杀死，田地重新划分，这给每人一个均等的机会。

但是不久以后，这老故事又亲自重复着。

这次或者是麻雀家族之一员，用他的巨猾和实业使他自己成为一方之主（可贵的回忆），鱼之后裔降为贫穷。

其余的没有多大改变。

忠心的农人继续着做工而赋税。

同样忠心的税务官继续着谋财产。

但是古老的尼罗河——对有野心的人无所差别——如前一般镇静地在它的陈旧的两岸中流着，大公无私（这只能在自然力中寻到）地把它的丰饶的幸福嘉惠于贫人和富人。

八　埃及的兴起和倾覆

我们常听见说“文化西渐”。我们所说的意思，就是那刚毅的开辟者，已经渡过了大西洋而散居在沿新英格兰和新尼德兰（New Netherland）之边——就是他们的儿女们已经走过了广漠的旷野——就是他们的曾孙们已迁进了加利福尼亚——就是本代的子孙希望广漠的太平洋改变成时代之最重要的洋海。

实在的，“文化”永不会老守在同一地点。它是常在到或处去，但是它终究并非老是向着西行的。有时它的行程是向着东或者南。它常时在地图上曲折进行的。然而它是终不止息。在二三百年后文化似乎说，“得啦，我已跟这族人伴得够久了。”它便包扎了它的书籍，它的科学，它的艺术和它的音乐，而向前徘徊以寻觅新的领土。但是没有一人知道它往何处去，那使它的生活如此有趣味的是什么。

在埃及的情形，文化之中心是沿尼罗河岸的南北向移动着。

膏腴山谷的土壤

最初我已对你们说过，人民是从阿非利加和西亚细亚的各处迁进了这流域而住下。由是他们组成了小的村和镇；领受了总司令的管辖，他是叫作法老，在下埃及的孟斐斯有他的首都。

二千年后，这老家的元首渐渐弱得再不能维持他们自己了。有一个新的家族。从上埃及的朝南三百五十哩的底比斯出来，想使它自己做全流域之主。纪元前二千四百年，他们成功了。做了上下埃及的元首，他们出发去克服世界的其余的部分。他们向着尼罗河源（这地方他们从来没有达到）进行，征服了爱西屋皮亚（Ethiopia）黑人。次之，他们经过了赛奈的沙漠而侵袭叙利亚（Syria），在那里他们使得他们的名声给巴比伦人和亚西利亚人（Assyrians）所惧怕着。有了这些远离的区域，保证了埃及的安全。他们能为凡能住在那里的一切的人，将这流域改造成一个快乐地。他们筑了许多新的堤坝和水闸，并在沙漠中造了一个广大的蓄水池，在这里面他们贮满了尼罗河的水，以备久旱时应用，他们鼓励人民献他们自己于研读数学和天文，因此他们可以推知尼罗河的泛滥想要来了的时候。因为为了这目的，一个巧妙的，用此能计算时期的法子，是必要的，他们制定三百六十五日为一年，他们分它做十二月。

适跟使埃及人同一切外国物件相隔的古老的习俗相反，他们让埃及的货品与从无论何处已带进了他们的海口的东西相交换。

他们跟克里特的希腊人和西亚细亚的阿剌伯人通商；他们从印度得到香料，从中国输入金子和丝绸。

但是一切的人的组织都是服从某种进步和退化的定律，国家或朝代也没有例外。经过四百年的茂盛后，这些强有力的王渐呈疲惫的现象。这些大埃及帝国的元首与其骑在骆驼上做他们的军队的领袖，宁可登在他们的宫殿中听筝或笛的音乐。

一日有流传来到底比斯城说，马队的野族已在沿边界劫掠。于是埃及国王派出一支军队去驱逐他们，这支军队行进沙漠，竟被凶狠的阿剌伯人杀得一个不留。于是亚剌伯人向尼罗河进攻，抢去了埃及人的羊群和他们的家用什物。

埃及王又遣一支军队去阻止他们的进行。这战争是致祸于埃及人，尼罗河流域的门是对侵袭者开着。

他们骑的是快马，用的是弓和箭，在极短的时间内，他们已使他们自己做了全国之主。他们统辖了埃及五世纪。他们迁这古都到尼罗河的三角洲。

他们虐待埃及农人。

他们很凶地待遇大人，他们杀戮小孩，他们对古神是粗暴的。他们不喜欢住在城内，但是同他们的羊群登在旷野中，所以他们是叫作喜克索（Hyksos），这意思是“牧羊的王”。

到底他们的管理渐成了不能再忍受的了。

有一底比斯城的贵族自做了对外国的霸占者的国内革民的

领袖。这是不很有望的战争，然而埃及人得胜了。喜克索是被逐出国境，他们回到那他们从那里来的沙漠去。经验做了给埃及人的警告。他们的五百年的外国奴隶是一可惊的经验。这种事情必得永不再发生。祖国的边界必须弄得坚固的没有一人再敢来袭击这圣地。

一个新的底比斯王，名替摩雪斯（Tethmosis）的，侵袭了亚细亚，而且他再也不停，直至他达到了美索不达迷亚的平原。他饮他的牛于幼发拉的（Euphrates）河；巴比伦和尼尼微一提到他的名字便惊恐。无论何处他所去了的，他筑着坚固的堡垒，且以优美的道路联接着。已筑好了一防御未来的侵袭的堡栅，替摩雪斯回家而死了。但是他的女儿，哈兹塞脱（Hatshepsut），继续他的善美的工作。她重造喜克索所已毁灭了的庙宇；她建设了一个坚强的国家，在它的下面，兵士和商人为共同的目的一起工作，它是叫作新帝国，持续了从纪元前一千六百年到一千三百年。

然而军治的国家终不能持续得很久。国家越大。需要为它防御的人越多；军队中的人越多，能住家种田和行商的人越少。在几年中，埃及国已成了头重脚轻的了；军队，这是防御外国侵袭的堡垒的意思，从人工和金钱的两俱缺乏，将国家拖入了倾覆中。

毫无阻碍从亚细亚来的野民是在袭击那些坚固的堡栅，在这后面埃及藏着全文化界的富源。

起初埃及的卫戍兵还能保守他们自己的地位。

然而，一日，在远离的美索不达迷亚，有一新的军治帝国起来，这叫作亚细利亚。它既不注重艺术，也不留意科学，但是它能战争。亚细利亚人向埃及人进军，而在战争中将他们打败了。他们统治了尼罗河地方二十余年。这对埃及的意思是终局的开端。

有几次，短时间的，这人民设法重得了他们的独立。但是，他们是老种族了；他们是给几世纪来的艰苦的工作消磨尽了。

这时他们从历史舞台上退出，而投出他们做世界上最进化的民族的领袖的降表的时候已经来临。希腊商人是群集于尼罗河口之城市中。

新都是建筑这舍易斯（Sais），近尼罗河口，埃及成了一个纯粹的商业国家，西亚细亚和东欧罗巴之贸易的中心点。

继希腊人而来的是波斯人，他们征服了北阿非利加的全部。

二世纪后，大亚历山大将法老的古地改做希腊的一省。他死后，他的将军之一，名叫托勒密（Ptalemy）的，立他自己做新埃及国的独立的王。

托勒密的家族继续着统治了二百年。

纪元前的三十年，托勒密氏之末一位克利奥佩特剌（Cleopatra）杀了她自己，强于做凯旋的罗马将军，屋大威纳斯

（Octavianus）的俘虏。

那是终局。

埃及成了罗马帝国的一部分；她的独立国家的生命便永远停止了。

九　美索不达迷亚
——两河之间的陆地

我在带你们到最高的金字塔之顶上去。

登上去是要攀援重攀援的。

在起初建筑这人工之山时，是用粗糙的花岗石垒成的。再在花岗石上加上一层精美的石头。但现今这层精美的石头是早已损坏或是被人家窃去，建造新的罗马城市去了。一只山羊也得要有很多的时间爬上这奇峰。但是得了几个阿刺伯小孩的帮助，我们在几小时的坚忍的工作后，就可以达到顶上了；在那里我们可以休息而遥观到人类的历史的第二章。

在辽远的辽远的广漠之沙漠的黄沙以外，老尼罗河即从中经过以通至海的，你会看见（如其你有鹞鹰的眼睛）些光闪闪的碧碧绿的东西。

这是一个介乎两大河之间的山谷。

这是在古地图上最有趣的一点。

这是《旧约》的极乐园。

这是神秘和奇妙的古地，希腊人叫它做美索不达迷亚(Mesopotamia)。

“Mesos”一字的意思是“中间”或“在二者之间”，而“Potomos”是希腊语的河。只要想想 Hippopotamus（河马），生在河中的马或“Hippos”。所以美索不达迷亚是一带“在两河之间”的地方的意思。这里的两河是幼发拉的（Euphrates)，叫它做“浦剌都”(Purattu）和底格里斯（Tigris)。巴比伦人叫它做“狄克拉忒”(Diklat)。你会从地图上看见它们俩。它们发源于亚美尼亚（Armenia）的北山之雪中；它们慢慢地流过南平原而直达波斯湾的泥污的岸。但是在它们失掉它们自己于这印度洋之支流的波浪中以前，它们已成就了一个伟大而有用的工作。

它们已将一非常干燥的区域，改变成西亚细亚唯一的肥沃的地方。

那种事实会给你释明为何美索不达迷亚跟北山和南沙漠的居民如此的投机。

这是一件显明的事实，就是一切的生物全欢喜适意。下雨的时候，猫赶速地避到有庇荫的地方。

天冷时，狗在火炉前寻一席地。在海之某部成为较以前更咸（或更淡看当时的情形）时，无数的小鱼快快游到汪洋之别一部去。至于鸟，它们中有许多照例地每年一次从此处迁到彼处。冷天开始时，雁鹅飞去，而当第一只燕子飞回来时，我们知道那夏日大约要对我们微笑了。

人并不是这个定律的例外。他喜欢温暖的火炉更甚于冷风。无论何时，他于选择一餐美馔和一块面包皮之间，他是宁取美馔的。如其这是绝对的必需时，他会住在沙漠中或北极带的寒雪中。但是供他一较适宜的居留地时，他会毫不踌躇地接受了。这改进他的地位的愿望，真的使他的生活更安适而减疲惫的意思是愿望，于世界的进步是件很好的东西。

它已驱欧罗巴的白人至地球的两端。

它已殖民于我们本国的山上和平原上。

它已使几百万人不息地从东到西，从南到北游行，直到他们找到了一个气候和生活状况于他们最合适的地方。

在亚细亚的西部，这迫生物用最少的工作的耗费力以尽力寻求更丰富的安适的本能，使得住在寒冷而荒芜的山上的居民，和住在焦灼的沙漠中的人民，不得不在美索不达迷亚的幸福的山谷中寻一新的居留地。

这使得他们战争，为了要专有这尘世的天堂。

这逼得他们操练他们是最高的创造力和可贵的坚毅，以防御他们的家室农场，妻子和儿女于新来者，他们是世世纪纪的被这快乐地的名声摄引来。

这不断的逐鹿是这族，老而已定了基业的，和别族为他们的染指想夺取地土的，永远竞争着的缘由。

那些柔弱的和那些并没充分之精力的少有成功的机会。

只有最有智力而最勇敢的存留着。那会给你解释明白为何美索不达迷亚成了一族健壮之人的家乡，能建设着那文化的国家，这文化给了一切的后代如此无限的利益。

十　萨谟利亚人的楔形文字

在哥伦布发现亚美利加不久以前的一千四百七十二年，有一名叫约瑟反巴巴洛（Josaphet Barbaro）的威尼西亚人（Venetian）遍游波斯，路经附近设刺子（Shiraz）的山，看见了些使他难以索解的东西。设刺子山上是满布着旧庙宇，这些庙宇是刻凿在山旁的岩石中。古代的崇拜者已不见于几世纪的以前；庙宇是在大毁坏的景况中。但是在它们的墙壁上清楚地可见的，巴巴洛观察着用古怪的文体所写的长的稗史，这似乎是用尖钉所刻的一组的裂痕。

他回来后，他在他的乡友面前，陈述他的发现，但是正在那时，土耳其人恫吓欧罗巴以侵袭，人民是无暇于为了西亚细亚之中心的某处的一种新而不懂的字母有所纷扰。因此，波斯的刻文立被忘却了。

两世纪半以后，有一名叫皮亚屈罗但拉发勒（Pietro della Valle）的罗马少年贵族，游访这巴巴洛已在二百年以前经过的同一的设刺子的山坡。他也是无从索解这残壁上的奇特的刻文；他是一个精细的少年，谨慎地抄了它们，附了些关于这次旅行的纪录寄他的报告给他的一个朋友斯岐佩拿医生（Doctor Sehipano），他在那不勒斯（Naples）实习医学，而且此外他还有志于学问。

斯岐佩拿抄了这可笑的小的图像，引招它们给别的研究科学的人的注意。不幸地欧罗巴又给别的事务占去了。

可惊的普洛忒斯敦人（Protestants）和卡托利人（Catholi-os）间的战争已突然发生，人民是在忙于杀那些在宗教界中的某几点不跟他们相符合的人。

在能切实地着手研究楔样的刻文以前，又过去了一世纪。

第十八世纪——灵敏而有奇思的人的愉乐期——是爱好索解科学的疑难之迷的，所以当丹麦的腓特烈王五世征求加入他打算遣往西亚细亚的远探队的学者时，他得到了无穷的应征者。他的远探队，这在一千七百六十一年离别哥本哈根（Copenhagen），持续了六年。在这期间内除了一个名叫卡斯腾尼布尔（Karsten Niebuhr）的以外，一切的队员全死了，他本是一个日耳曼的农人，能够忍受艰辛，比那些终日钻在他们藏书室的干燥的书堆中的教授们更能吃苦，

这尼布尔，他的职司是考查，是一个年轻的人，他是我们应得叹服的。

他一迳独自地继续着他的行程，直至他到了百泄波里（Persepolis）的残墟，在那里他废了一月的工夫，抄着所能寻

见的在那倾覆了的宫殿和庙宇的墙壁上的每一个刻文。

他回转丹麦后，为了科学界的便利，他刊行了他的发现；他切实地试欲从他自己的原文中解悟些意义。

他没有成功。

但是这个工作本来是很困难的，所以虽是没有成功，我们也不惊讶。

善波力温攫得了古埃及的象形文时，他便能从小的图像作他的研究。

百泄波里的字体绝不显示任何的图像。

它们是由那无穷地重复着的 V 样的图形所组织成的，这对欧罗巴人的眼睛一些都启示不了什么。

如今，当这难题已给解明了，我们知道萨谟利亚人（Sumerians）的原文是一种图形文字，适跟埃及人的一样。

但是，虽然埃及人在极早的日子已发现了纸草片，能描写他们的图像于光滑的平面上，美索不达迷亚的居民只能刻他们的言语在山旁的坚石或软的泥砖之中。

为必须所驱，他们已单纯化了原来的图像，直至他们计划出一种五百余不同的字之结构的组织，这是为他们的需要所必须的了。

让我给你们几个例。在起初，一颗星，用钉子画在砖中的，类乎下面的。

但是一回后，这星的样子因是太繁琐而被弃了，定这图像的样子是这样。

不久后“天”的意义加上于“星”的，这图像单纯化作这样，这使的它更难索解了。

用同样的法子一头牛从改变成。

一尾鱼从改变成。

太阳，本来是一平面的圆圈的，变成了。

如其今日我们是在用萨谟利亚的字体，我们要作如。

你会明白揣摩这些图像的意义是怎样的困难，但是名叫格洛忒分特（Grotefend）的日耳曼教师的坚忍的工作，终究得到了酬报；尼布尔的原文第一次发行后的三十年和楔样的图像第一次发现后的三世纪，四个字母已被阐明了。

这四个字母是D，A，R和sh。

它们拼成Darheush王的名字，我们称他做达理阿（Darius）。

于是遭逢了只能在那些电报线和邮政汽船已将全世界变成了一大城市的以前的愉快日子所遭逢的事中之一件。

当坚忍的欧罗巴的教授们在燃着了午夜之烛，以图解明他们的新的亚细亚的神秘时，年少的亨利罗灵逊（Henry Rawlinson）是在度他的不列颠东印度军队（British East Indian Company）

模形文字的刻石

的武备学生的学年。

他用他的余暇的时间学习波斯文，在波斯的沙乞假少数的将校以训练他的本国的军队，于英吉利政府时，罗灵逊是被命至德黑兰（Teheran）去。他旅行遍了波斯，一日他偶访贝希斯敦（Behistun）村。波斯人叫它做巴吉斯坦那（Bagistana），这意思是“神祇之居处”。

数世纪前，这自美索不达迷亚至伊兰（Iran 波斯人的老家）的大道已通过这村落，而且波斯王达理阿已用了高耸的悬崖之陡峻的城墙，以宣告于全世界，他是何其伟大的人。

路旁的高头，他雕刻着他的显赫的伟业的纪录。

这刻文是刻着波斯言语，巴比伦文和苏萨（Susa）城的方言。使这故事明白于一些也不能读的那些人起见，加上了一幅显示波斯王置他的胜利的足于高马塔（Gaumata，尝想窃取王位于嫡传的元首的霸占者）的身上的佳妙的雕刻。为便利度量计，加着一打高马塔的跟从者。他们站在后面。他们的手是被绑着，他们不久便会被处决。

这图画和三种文字是在街道的上面几百尺，但是罗灵逊冒了生命和折肢的大险，爬上岩石的城墙上去而抄了这全文。

他的发现是最重要的。贝希斯敦石成了跟罗塞达石一样地有名，罗灵逊跟格洛忒分特共享阐明这古老的钉刻文（nailwriting）的荣誉。

虽然他们从未看见过彼此或者听见过彼此的名字，这日耳曼教师和不列颠将校为共同的目的合作着，如一切的善良的研究科学的人所当做的。

他们的古文的抄本是在各地重印着，在十九世纪的中叶，这楔形文字（Cuneiform Language），所以这样称者，因为这字母是楔的形式，“cuneus”是楔的拉丁名字）已献出了它的秘密。又一人类的神秘已被解决。

但是对于已发明了这种技巧的字体之式样的人民，我们终不能得知的很清楚。

他们是白种，他们称做萨谟利亚人。

他们住在我们叫它做叔麦（Shomer）的地方，他们自己叫它做垦基（Kengi），这意思是“芦之国”，这指示我们他们尝住在美索不达迷亚山谷的卑湿区中。

原来萨谟利亚人是山居之民，后来他们被肥泽的田地从山谷引诱了出来，但是当他们已离别了在西亚细亚山峰中的古屋时，他们没有放弃了他们的旧习惯，其中的一样，对我们有特殊的趣味。

住在西亚细亚的山峰中，他们敬拜他们的上帝于竖立在岩石顶上的祭坛上。在他们的新家，在平原之中，那里没有这样的岩石，如旧样地建筑他们的神岩是不可能。萨谟利亚人并不喜欢如此。

一切的亚细亚人于习俗都有深深的缱绻，萨谟利亚人的习俗所要求的是一可在周围数哩彰明地看见的祭坛。

为克服这种艰难而保全他们跟他们的天爷上帝的平安计，萨谟利亚人建了一簇低塔（宛如小山），在那上面他们燃了他们的圣火以崇奉他们的旧时的上帝。

当犹太人去访游巴布伊利（Bab-Illi）城（我们叫它做巴比伦）时——在末了的萨谟利亚人已死了数世纪后，他们深被高竖在美索不达迷亚的绿原中的奇观之塔感动着。巴别塔（Tower of Babel），我们常从《旧约》中听到它，不过是一座人工的山峰的残迹，在几百年前为一辈敬畏上帝的萨谟利亚人所建。这是一样奇异的计划物。

萨谟利亚人还不知道建造扶梯。

他们建一斜坡的走廊，环绕他们的塔，这渐渐地携人民从塔底至塔顶。

数年前这是觉得必须在纽约城的中心造一仿此的新的火车站，就是几千的旅客能在同一的时候从下层达到上层。

用扶梯想来是不安全的，因为如其有怒冲或者着了惊的民众必得滚下去，而那便成了骇人的灾祸。

工程师为了免除这种灾祸，便抄袭了萨谟利亚人的计划。

大中央站也置备着上升走廊，与三千年前初被采用于美索不达迷亚的平原中的一般。

巴别塔

十一　亚西利亚和巴比伦尼亚
——大塞姆的溶壶

我们常称美利坚为“溶壶”（Melting-pot）。我们用这名辞时，我们的意思是，有许多种族从地球的各部来聚居在沿大西洋和太平洋之滨，以寻一较在他们祖国所寻到的环境更相宜的新家而开始新的事业。这是真的，美索不达迷亚是较我们本国小的多。但是这肥泽的山谷是世所仅见的最非常的“溶壶”，它继续着吸收新的种族几乎有二千年。每族新的人民的在沿底格里斯和幼发拉的之滨夺取家宅的故事是本有趣味的，但是我只能给你们他们的企业之纪录的很短的一节。

我们在前章所遇的萨谟利亚人刻划他们的历史于岩石和泥块上的（他们并非属于塞姆〈Semitic〉族），是漂泊进美索不达迷亚的第一群游牧。游牧是没有固定的家，五谷的田和菜蔬的园，只是住在篷帐之内，而看守他们的牛羊，而带了他们的牛羊和篷帐从这草原迁移到那草原的人民，他们在任何草绿水足的地方居住着。

广且远地他们的泥茅舍覆盖着平原。他们是善战者；他们能保存着他们的地位很久，抵抗一切的侵占者。

但是在四千年以前，有一族塞姆的沙漠之民叫作阿卡德人（Akkadians）的离弃了阿剌伯，打败了萨谟利亚人而克取了美索不达迷亚。这些阿卡德人中最著名的王是叫萨尔恭（Sargon）。

他教他的百姓怎样用，那他们的领土才被他们占据去的萨谟利亚人的字母，来写他们自己的塞姆的言语。他是统治得如此聪明，就是原在者和侵入者之间的差异不久化为乌有了；他们成了密切的朋友而住在一起，安静而且谐和。

他的统辖的名声迅速地布满了西亚细亚和别的地方，听见了这成功的，被引来试试他们自己的运气。

有一沙漠之游牧的新族，叫亚摩利人（Amorites）的，解散了篷帐而向北进行。

那山谷是大纷扰的舞台，直至有一名叫罕默剌匹（Hammurapi，或罕默剌比〈Hammurabi〉，随你的意）的亚摩利的酋长自立于巴布伊利（这意思是上帝的门）城，而自做其大巴布伊利或巴比伦帝国的元首。

这罕默剌匹，他生在耶稣生前的二十一世纪，是一个很有兴味的人。他使得巴比伦成为古代的最重要的城，在那里有学问的教士，施行他们的大元首亲从太阳神收得的律法；在那里商人爱好行商，因为他是被待遇得公平而有礼貌。

罕默剌匹

真地若非为了地位的欠缺（这些罕默刺匹的律法会满占去如此的四十页，如其我将它们详细地写给你们），我可以指示你们：这古巴比伦国是较好几个近代的国家，在几方面治理的更好，人民是更愉快，法律与秩序维持的更谨慎，言论与思想更自由。

但是我们的世界永没有太完美的意思；不久别队狂暴而残忍的游牧从北方的山上下来，毁灭了这罕默刺匹的天才的工作。

这些新的侵占者的名字是喜泰人（Hittites）。关于这些喜泰人我能告诉你们的，甚至比萨谟利亚人还要少。《圣经》提到他们。他们的文化的残迹已广且远地被寻到。他们用一种奇怪的像形文，但是还没有一个人能够阐明这些而读他们的意义。他们被赋做管理者的权并不厚，他们只管理了数年而他们的领土旋即一败堕地。

除了古怪的名字，和已经毁坏了许多别人用了不少的苦楚和困难建造起来的东西的名声以外，并没稍留关于一切的他们的荣誉。

于是来了别一个情形很是不同的侵袭。

有一族残酷的沙漠之漂泊者，他们用他们的大神亚苏（Assur）之名屠杀而劫掠，离弃了阿刺伯而向北进行，直至他们到了山之斜坡。于是他们转向东，沿幼发拉的之滨，他们造了一座他们叫它做尼谑（Ninua）的城，这沿袭至今的名是一希腊文的尼尼微（Nineveh），立刻这些新来者，他们大概称做亚西利亚人，开始了一迟缓但是可惊的战争于一切的美索不达迷亚的别族居民。

在耶稣前的第十二世纪，他们第一次试欲毁灭巴比伦，但是他们的王提革拉毗色（Tiglath Pileser）得到了这一次胜利后，他们便被击败不得不退到他们自己的国度去。

五百年后他们再试一次。一个名叫巴罗（Bulu）的勇猛将军，自做了亚西利亚王位之主。他假借了提革拉毗色，他是尊为亚西利亚人的国家的英雄的旧名，宣示了他的克服全世界的志愿。

他是言行如一。

小亚细亚，亚美尼亚，埃及，北阿剌伯，西波斯和巴比伦尼亚全成了亚西利亚的省分。它们被治于亚西利西的长官，他们征它们的税而强迫一切的少年在亚西利亚的军队中当兵；为了他们的贪得和残暴，他们自作的被一切的人憎恶而轻蔑着。

幸运地在它无上高位的亚西利亚帝国并没有持续得很久。这是像一只船有了太多的樯和帆而船身太小。那儿有了太多的兵士而农人不足——太多的将军而商人不足。

王和贵族日趋富足，但是庶民生活在污秽和贫困中。这国家从没有一刻是平和着的。它是永远为了种种缘故攻打或人，或处，这些缘故庶民是绝不顾及的。经了这不息而力竭的战争，

尼尼微

直至大部的亚西利亚兵士已被杀死或残伤，这成了必须让外国人加入这军队。这些外国人不爱他们的那已毁坏了他们的家屋和已窃取了他们的儿女的残忍的主人，所以他们打的不好。

沿亚西利亚的疆界的生活不再安全。

外国的新族常在北面的边界袭击。其中之一叫作息米立亚人（Cimmerians）。息米立亚人，我们初次听到他们时，居住在北方之山外的广漠的平原上。荷马在他的奥德赛之行程的叙述中描写着他们的国家；他告诉我们这是一“永远浸在黑暗中”的地方。他们是白种人，他们也被另一群亚细亚的漂泊者，西徐亚人（Scythians），驱出他们的老家。

西徐亚人是近代哥萨克人（Cossacks）的祖先，甚至在那些遥远的日子，他们是著名于他们的骑马术的。

息米立亚人，受了西徐亚人的严酷的压迫的，从欧罗巴行进了亚细亚，克服了喜泰人的地方。于是他们离弃了小亚细亚的山头，而下降入美索不达米亚的山谷中，在那里，他们于亚西利亚帝国之贫乏的人民中，作了可怖的蹂躏。

尼尼微，招自愿军以阻止这侵袭。当那更密接而可惊的危险的信息传来时，她的残败兵队便连忙向北进行。

有一小族叫作加尔底亚人（Chaldeans）的塞姆的游牧，平安地住在肥泽的山谷的东南部，叫作吾珥（Ur）国的里面。好几年突然地这些加尔底亚人走上了战道，开始了遭例的战役于亚西利亚人。

遭了各方面的袭击，这从未得到过一个邻人的好感的亚西利亚国是被宣告了死刑。

在尼尼微倾覆了，这被禁的，满贮以几世纪来的劫掠物的，宝藏终究被毁灭了后，从波斯湾至尼罗河的每一茅舍和村落中都是欢乐。

在几代后希腊人游访幼发拉的，向这些生满了树枝的洪大的残迹是什么时候，没有一个人告诉他们。

人民已很快地忘了这城的真名，它曾有过一个如此残暴的主人而曾这般悲惨地虐待过他们的。

反之，巴比伦，它用相差很远的法子统治它的百姓的，复苏了。

当聪明的尼布甲尼撒（Nebuchadnezzar）王的久长的统辖时，古代的庙宇是重建着。广大的王宫是建筑在短期的时间内。全山谷掘满了新的运河以便灌溉田亩。好斗的邻人最严重地惩治着。

埃及是被征服做仅仅边疆的一省，耶路撒冷（Jerusalem），犹太人的首都，是被毁灭了。摩西的《圣经》是被带到巴比伦而数千的犹太人是被迫的随了巴比伦王去他的首都，做那些留在巴力斯坦（Palestine）的人之公正的人质。

但是巴比伦是造成古代的七大奇观之一。

树是种在沿幼发拉的之滨。

尼尼微的倾覆

花是植在许多的城墙上，数年后这似乎是从古城的顶上垂下了论千的花园。

加尔底亚人一造好他们的首都，世界的展览场，他们便集中他们的注意力于思想和精神的事务。

像一切的沙漠之民，他们深有兴趣于星，那在晚上引导他们安然经过了无迹的沙漠。

他们研究天象，他们提了天象的十二宫名。

他们作了天空的图表而发现了最初的五颗星球。他们提这些以他们的神祇的名字。罗马人克服了美索不达迷亚后，他们将加尔底亚的名字译成拉丁文；那解明为甚我们今日叫它们做朱匹忒（木星）、维纳索（金星）、马兹（火星）、麦邱立（水星）和萨腾（土星）。

他们分昼夜平分线为三百六十度，他们分昼夜为二十四小时，分时为六十分；于这老的巴比伦人的发明没有近代的人曾能改进过。他们没有表然而他们用日规的影计算时候。

他们知道兼用十进法和十二进法（如今我们只用十进法，那是很可怜的），十二进法（问你的父亲这字是什么意思）计数以六十分，六十秒和二十四小时，那似乎不大跟我们的近代世界相同，这当分昼夜为二十小时，分时为五十分和分分为五十秒，照限定的十进法之例。

加尔底亚人也是承认有定期的休息日之必须的最早的人民。

加尔底亚人

他们分年为星期时，他们按排着六日的工作以后必得继续着一日献于“灵魂的安息”。

这是很可怜的，这如此富于勤勉和智慧的中心不能永远存在。但是，就是这辈最聪明的王们的天才，也不能保存这古代的美索不达迷亚的人民，于他们的最终的运命。

塞姆的世界是渐渐地老了。

这是给新族的人的时候了。

在耶稣前的第五世纪，有一族叫波斯人（关于他们等一下我要告诉你们）的印度欧罗巴人，离弃了伊兰的高山中的草原，克服了这肥泽的山谷。

巴比伦城是不战而得。

那伯尼特斯（Nabonidus），末了的巴比伦王，他是更有趣味于宗教问题，较之那护卫他自己的国家，逃跑了。

几天后他的流落在后面的小儿子死了。

波斯王居鲁士（Cyrus）十分敬重地葬了这小孩，就宣布他是巴比伦尼亚的前元首的合法的继承者。

美索不达迷亚终了于做独立的国家了。

它成了波斯的一省给波斯的“巡抚”（Satrap）或知事统治着。

至于巴比伦，王们不再用这城做他们的居处时，它立刻失了一切的重要而仅仅成了一个乡村。

在耶稣前的第四世纪它再享受了片时的荣华。

这是在耶稣前的三百三十一年大亚历山大，刚征服了波斯，印度，埃及和其他的地方的希腊少年，访游这圣的忆念的古城。他要用这古城做他自己的新得的荣誉的背景。

他开始重建王宫而且命令扫除庙宇中的废物。

不幸地他很突然地死在尼布甲尼撒的宴饮殿中，自后地球上无物能保存巴比伦于她的残颓了。

一经亚历山大的将军之一的塞琉卡斯尼卡托（Seleucus Nioator）完成了这在这大运河（这联合着底格里斯和幼发拉的）的口上做一新城的计划时，这巴比伦的命运便被断定了。

耶稣前的二百七十五年的一块碑告诉我们末了的巴比伦人怎样被逼的离别了他们的家乡，迁进这叫作塞琉细亚（Seleucia）的新的居留地。

即在那时，也只几个有信心的人继续去拜访这圣地，那里现在是被狼和豺居住着。

大多数的人民，少有趣味于那些已往年代的半忘了的神祇；把它们的老家做成一更实际的应用品。

他们用它作石坑。

巴比伦是做了几乎三十世纪的塞姆世界的伟大的灵和智的中心；几百代的视它为人民的发挥他们天才最完备的城市。

它是古代的巴黎伦敦和纽约。

此刻三个大的土坡指示我们，残墟已经隐埋在那有不息的侵占性的沙漠的沙土下面了。

十二　摩西的故事

在远远一条细细的地平线上面的空中，显现着一小块尘沙。巴比伦的农人在这肥沃之地的边境上，正耕着他的瘦瘠的田亩，忽然注意到了它。

“又是一族要想侵入我们的国境，”他对他自己说，“他们不会去得远的，王的兵士会驱开他们。”

他是对的。边疆的护卫兵拔刀出鞘，向着新到者，请他们去别处寻他们的机会。

他们随了巴比伦的边界向西进行，他们漂泊着直至他们到了地中海之滨。

在那里，他们住下了，看守他们的羊群，过着他们最初的祖先（他们曾住在乌拉山）的简单的生活。

后来这个地方终年不雨，食物不足，人和动物都受恐慌。如果不另外寻找新的草原，就要饿死在这个地方了。

这群牧羊人（他们是叫作希伯来人）（Hebreros）再迁他们的家室进一新的去处，这是他们在近埃及地方的沿红海之滨寻得的。

但是饥饿和缺乏又追随在他们的行程后面；他们又不得不到埃及的官员处去哀哀乞怜，苟延残喘。

埃及人早预期着荒年，他们已造了大的贮藏室，这些贮藏室中全满贮了七年来的盈余的麦。现在麦是在人群中分派着，一个粮食官受了任命，将它均量地分派给富者和贫者，他的名字是约瑟，他是属于希伯来族。

他还是在当小孩子的时候，从他自己的家庭里逃出来的。据说他的逃走是为了保全他自己，免得触怒了他的兄弟们——他们之所以嫉忌约瑟，就因为他们的父亲顶爱约瑟，不爱他们。

这是真实的，约瑟去了埃及，得到了喜克索王的眷顾；喜克索王刚克服了这国家，任用了这英俊的少年，以辅助他们管理他们的新的所有物。

饥饿的希伯来人刚显现在约瑟前求助时，约瑟便认出了他的亲戚。

但是他是宽宏的人，一切卑鄙的念头，对于他的灵魂是疏远的。

他对于那些曾经谋害过他的人，不念旧恶。他反而给他们许多麦，让他们住在埃及——他们，他们的儿女和他们的羊群全过着快适的生活。

希伯来人（他们是更普通地称做犹太人）是住在他们的承继国的东部好多年，一切与他们无忤。

接着发生了一桩大的变化。

一个突然的变革夺去了喜克索王的政权逼他们离开了这国度，埃及人又是他们本族中的主人了。他们再也不善遇外国人了。受了一辈阿剌伯的牧羊人的三百年的压迫，增大了这憎恶一切凡是外国东西的情感。

在别方面，犹太人跟喜克索人是亲密的，他们和他们有血统和种族上的关系，这在埃及人的目中看来，是足够证明他们是反叛者了。

约瑟不再住着以保护他的同胞。

在一短的挣扎后，他们是被移出他们的老家，被逐进这国度的中心而被待遇如奴隶。

他们是作了许多年普通工人乏味的工作，搬运石头以建金字塔，为公共的大厦制砖瓦，建筑街道。并掘运河，使尼罗河的水流到远隔着的埃及人的田亩。

他们受的痛苦是重的，但是他们始终没有失去毅力。现在救星快要到了。

那儿住着某少年，他的名字是摩西。他是很智慧的，而且他受了好的教育，因为埃及人已定当了他要去服务法老。

如其没有挑他的愤怒的事情发生，摩西会平静地毕生做着一小省的知事或是外县的征税官。

但是埃及人，如我已在前对你们说过的，轻蔑着那些相貌不跟他们自己一样，衣服也不照真的埃及人的式样的人，而且他们还时常侮辱这种人，因为他们是“不同”。

而且因为外国人是占少数，他们不能善护他们自己。这也并没任何的成效，以呈他们的控诉于公庭前，因为裁判官并不同情于一个拒绝着崇拜埃及的神，和用着浓郁的外国的音调申诉他的案情的人的冤屈。

现在发生了一件事，一日摩西跟几个他的埃及朋友在散步，其中之一说了些特别干犯犹太人的话，甚至于恫吓着说是要捉他们。

摩西是一烈性的少年，打了他一拳头。

这一拳头太利害了些，竟把那个埃及人打死了。杀死一个本国人是可惊的事，而且埃及人的法律是没有善良的巴比伦王罕默剌匹的那些公正——巴比伦王承认存心谋杀，与受了侮辱迫而杀人是不同的。在埃及人看了不管你动机怎么样，只要是杀人，就不是好东西。

摩西逃走了。

他逃进了他的祖先的地方，逃进了米甸（Midian）的沙漠沿红海的东岸，在几百年的以前他的一族曾在那里看守过他们的羊群。

一个名叫叶忒罗（Jethro）的仁爱的教士，收留了他在家里，将自己七个女儿中之一的西坡拉（Zipporah）给他做妻子。

摩西在那里住了很久，他在那里沉思着许多深奥的问题。他已离别了法老的奢华而安适的王宫，来分享这沙漠的教士的粗糙而单调的生活。

昔日在犹太人已迁入埃及以前，他们也是阿刺伯的无穷的平原中的漂泊者。他们住在篷帐内，吃平凡的食物，但是他们的男子是笃实的，女子是忠诚的，物质的欲望很小，只是骄傲着他们的心灵的至善。

在他们已沐浴着埃及的文化后，一切全改变了。他们已学了爱好欢乐的埃及人的样子。他们让别一族人统治着他们，而他们无意于为他们的独立战争。

替代了旋风的沙漠的旧神，他们开始崇拜着住在黑暗的埃及庙宇里光耀的奇怪的神祇。

摩西觉得这是他的责职，前去从他们的灭亡保全他的同胞，而领他们回到昔日的单纯的信仰。

所以他遣了一个送信人到他的亲属处去，对他们提议。他们离弃了这个做奴隶的地方，跟随他到沙漠去。

但是埃及人听到了这信息，较前更留意地看守着犹太人。

这似乎是摩西的方略命中注定应该失败的，尼罗河流域的人民中突然发现了一种传染病。

那常遵守着某种很精确的卫生律（这是他们在他们沙漠生活的艰苦日子中学得的）的犹太人避免了这种病，而软弱的埃及人是几百千的死着。

在随着这“寂寞之死”而来的纷乱和惊慌中，犹太人包扎了他们的一切物件，赶速从那应许他们如此之多而赠与他们这般的少的地方逃出去。

摩西

这逃跑一经发觉，埃及人马上想用他们的军队追赶他们，但是他们的兵士遇到了灾祸，而犹太人逃走了。

他们是平安，他们是自由，他们向东迁入了荒凉的空地，这是位于赛奈峰之麓——这峰的名字是从巴比伦的月亮神辛（Sin）起的。

在那里，摩西指挥着他的同族人，开始他的伟大的改革的工作。

犹太人像一切的别的人民，在那些日子是崇拜多神的。当他们住在埃及时，他们曾学得了崇奉那些动物为神，对于这些，埃及人是抑制着如此崇高的敬礼，他们造了圣的神龛，为了他们的特殊的利益。反之，摩西当他的久长而寂寞的生活于半岛的沙山中，学得了崇敬这伟大的风雨雷电之神的强力，他是管理着高高的上天，沙漠中的漂泊者把他们的生命，光和呼吸依靠着他的仁慈。

这神是叫耶和华（Jehovah），他是一个有权力的生物，他是被西亚细亚的塞姆的一切的人民低首地小心翼翼地崇敬着。

经了摩西的教导，他是成了犹太族的唯一之主。

一日摩西从希伯来人的篷帐不见了。他随带着两块粗刻了的石碑。这是耳语着，他去赛奈峰的最高点去寻求隐居了。

那天下午，山的顶是看不见了。

一个可惊的风潮的黑暗，从人的眼睛隐藏了它。

但是摩西回转来时，看啊！……那儿站着两块刻着耶和华亲自在他的雷的轰轰声和电的眩目的闪光中所讲的话的碑。

从那时以后，没有一个犹太人再敢怀疑摩西的威权了。

他告诉他的同胞，耶和华命令他们继续着他们的漂泊，他们热诚地服从着。

他们住在沙漠的无迹的山中许多年。

他们遭受着非常的艰辛，几乎灭亡于食物和水的缺乏。

但是摩西崇高地实践了他们的“应许地”的希望，它会把一个真的家供给耶和华的真实的跟从者。

终究他们达到了一个更肥沃的境界。

他们经过了约旦河（Jardan），他们带了“律法的圣碑”，预备占据这从澹（Dan）展至别是巴（Beersheba）的草原。

至于摩西，他不再是他们的领袖了。

他已渐渐地老起来，他很是疲惫。

他已被许可着看看远离的巴力斯坦山的山脊，从中犹太人找到了一个祖国。

于是他永远地闭着他的智慧的眼睛。

他已完成了在他少年时开始的工作。

他已领导了他的同胞从外国奴而到了独立生存的新自由。

他已团结了他们，使他们成了一切崇拜唯一的上帝的第一国。

十三　耶路撒冷——律法的城市

巴力斯坦是一小带地方，位于叙利亚的山和地中海的绿水之间。它自从不可追忆的时候起，就被人民居住着，我们对于最初居留的人民，虽然已给他们起了一个迦南人（canaanites）的名称，其实对于他们是不大十分了解的。

迦南人是寓于塞姆族。他们的祖先，像那些犹太人和巴比伦人一样，是沙漠之民，但是犹太人进巴力斯坦时，迦南人是住在城镇和村庄中了。他们不再是牧羊人而是商人了。真的，在犹太的言语中，迦南人和商人是同一意义的。

他们已亲自造了坚固的城市，环绕着高的城墙，不许犹太人进他们的城门，但是他们逼得他们固守在旷野，而建他们的家于山谷的草地中。

虽然，隔了没有多时，犹太人和迦南人成了朋友。这并不很困难，因为他们俩是属于同一族的。再则，他们惧怕一个共同的仇敌，只有他们的联合着的坚力，能防御他们的国家于这些危险的邻人，他们是叫作非利士人（Philistines）而且他们是完全地属于异族。

确然的，非利士人是不应在亚细亚的。他们是欧罗巴人，他们的最早的家是在克里特岛中。在什么时代他们已散居在沿地中海之滨不十分确定，因为我们不知道在什么时代印度欧罗巴的侵占者已从他们的岛的家驱逐了他们。但是甚至埃及人，他们叫他们做普剌萨底（Purasate），也很怕他们，当非利士人（他们戴一羽毛的头巾，正如我们的印第安人）走上战道时，西亚细亚的一切的人民全遣了大军去保护他们的边疆。

至于非利士人和犹太人之间的战争，它从没得到了结束。因为虽然大卫（David）杀了歌利亚（Goliath，他穿一套在那些日子看来是大神奇的铠甲，这无疑地是从塞浦路斯 Cyprus 岛输入的，在那儿寻得了古代的铜矿），虽然参孙（Samson）杀了非利士人，当他葬他自己和他的仇敌于对衮（Dagon）庙的下面时，非利士人还是常自认优胜于犹太人，终不许希伯来人得握任何地中海的海口。

因此犹太人是被命运所逼的知足着他们的东巴力斯坦的山谷，而他们在那里的不毛之山的顶上建立着他们的首都。

这城的名字是耶路撒冷（Jerusalem），它是做了三千年的西方世界的最圣的地方之一。

在不可知的过去的蒙昧时代，耶路撒冷，“和平之家”，是埃及人的一小座巩固的前哨，埃及人在沿巴力斯坦的山脉建了许多小的堡垒和城寨，以防御他们的远隔的疆界对于从东方

耶路撒冷

来的袭击。

埃及帝国倾覆了后，有一土族泽部息人（Jebusites）迁进了这被弃的城市。继而犹太人在一久长的竞争后，占据了这城，使它做了他们的大卫王的居处。

终究，在许多年的漂泊后，这个“律法碑”似乎达到了一个久息的场所。智者的所罗门（Soloman）定当了供给它们以一庄严的寓所。他的使者到处去为珍奇的木材和贵重的金属遍搜这世界。全国是被请着供奉它的富源以使这“上帝之家”卓越于它的圣名。逐渐逐渐地这庙宇的墙高起来，永久护卫着这圣的耶和华的法律。

唉，期待着的，永久是证明了不能持久。在敌视的邻人中的侵占者的他们自己，各方面给仇敌包围着，给非利士人扰累着，犹太人并不维持他们的独立很久。

他们打的尽善而勇敢。但是他们的小小的国家，致弱于细小的妒忌，是轻易地给亚西利亚人，埃及人和加尔底亚人克服着；当巴比伦王，尼布甲尼撒在耶稣生前五百八十六年得到了耶路撒冷，他毁坏了这城和殿，而石碑于大火中升了起来。

立刻，犹太人动工重造他们的圣殿。但是所罗门的荣华的日子是过去了。犹太人是外族的百姓，金钱又不多。经过了七十年，重造起这如前的大厦。圣殿平安地存立了三百年，但是接着又发生了第二次的侵袭，燃烧着的殿的红焰又照耀在巴力斯坦的天空中了。

当圣殿第三次重造着时，四围包着两座高的城墙，开着狭的门，并加上了几条不能通行的里巷，以防御将来突然的侵袭。

但是不幸追逐着耶路撒冷城。

在耶稣生前的第六十五年，在他们的庞培（Pompey）将军下的罗马人占有了犹太人的首都。他们的实际主义并不表同情于一个有弯曲而黑暗的街道，和许多不卫生的小巷的古旧的城市。他们打扫了这旧废物（他们是这样想的）而造了新的营盘，大的公共建筑物、游泳池和体育场；他们强迫着不愿意出钱的庶民纳税，使得市政改良。

那座没有实际用处的殿他们早就见到是被忽略着，直至赫洛德（Herod）的日子，他是给罗马的刀所任命的犹太人的王，他的自负是盼望更新这已往时代的古昔的荣耀。在冷淡的状态中，被压迫着的人民着手服从那非他们亲选的主人的命令。

当末了的一块石头已被置于它的准确的所在时，又一对于不仁的罗马的征税官的革命发生了。这殿是这次暴动的第一件牺牲品。泰塔斯（Titus）皇帝的兵士迅速地放火，焚烧这古犹太人之信仰的中心点。不过耶路撒冷城还不曾遭殃。

然而巴力斯坦继续做了不安的舞台。

那熟悉各种的人类，并管理着崇拜成千种不同的神祇的国家的罗马人，并不知道怎样处置犹太人。他们一些不明白犹太人的性格。绝端的容忍（由于冷淡）是罗马创立她的很成功的帝国的基础。罗马的长官从不干预属民的宗教信仰。他们所需要的是住在罗马领土的远离的部分的人民的庙中，置一皇帝的图像或雕像。这不过是一惯例，并没什么深奥的寓意。但是对于犹太人，如此的事情似乎是很渎神的，他们不愿来雕刻一个罗马皇帝的像，亵渎他们的众圣之圣。

他们拒绝着。

罗马人坚持着。

本来是件不大重要的事，这类的不了解是继续增长而使得恶感更深。在泰培斯皇帝下的背叛后五十二年，犹太人又反抗了。这次罗马人决定了贯彻他们的破坏的工作。

耶路撒冷是被毁灭了。

这殿是被烧尽了。

在所罗门的古城的残墟上，建造着一座叫作伊立亚卡匹托立那（aeliacapitolina）的新的罗马城。

一个奉献于崇拜周比特（Jupiter）的异教徒的庙，是建造在那笃信的人已崇拜了耶和华几乎一千年的原址上。

犹太人住在首都的犹太人全被罗马人驱逐出去，还有几千人是从他们的祖先的家乡被罗马人驱散。

从那时起，他们成了地球上的漂泊者。

但是圣的律法不再需要尊严殿宇的庇护了。

《圣经》中的律法已经广播，不限于犹太一隅之地。《圣经》成了公正生活的象征，凡是高尚的人，要想过着正当生活，是不能不读它的。

十四　达马士革——经商的城市

埃及的古城已从这地球的面上不见了。尼尼微和巴比伦是尘沙和砖瓦的废墩了。耶路撒冷的古殿，昔日的光荣已逝，卧葬于黑暗的残址下了。

不过有一个城市至今还独自存留着。

它是叫作达马士革（Damascus）。

在它的四扇大门和坚固的城墙中，一群忙碌的人民已连绵的五千年接续着它的日常的职业，而这叫作“直的街”（Street Callea Straight）。这是这城的商业的要道，古往今来的人已经踏过一万五千年。

达马士革谦逊地由一亚摩利人（Amorites）的巩固的边城，开始它的事业，那些有名的沙漠的亚摩利人产生了大罕默剌匹王。当亚摩利人更向东迁移进了美索不达迷亚的山谷以创始巴比伦国时，达马士革继续着做一随那住在小亚细亚山中野性的喜泰人的商站。

在适当的时期内，这最早的居民，又被塞姆族的阿剌米亚人（Aramaeans）并吞了。然而城自己并没改变了它的属性。经过了这许多变化，它依旧保存着商业的重要的中心地。

它是位于从埃及到美索不达迷亚的要道上；它是从地中海的海口一星期以内的路程。它并没出过大将军，政治家和有名的王。它并没克服过一哩的邻近的领土，它和全世界通商，而供给商人和工匠以一安全之家。偶然它也施用它的言语于西亚细亚的大部分。

在国与国之间，行商是常需要迅速而切实的交通方法。古萨谟利亚人的精致的钉刻文的组织，于阿剌米亚的商人不免太复杂。他发明了一种新的字母，能够比巴比伦古代的锲样的图像写得更快。

阿剌米亚人的口讲的言语，是依着他们的商情的信札。

阿剌米亚语成了古世界的英吉利语；在美索不达迷亚的大半部分中，它是像土语一样地通行。在有些国度中它确然代理了旧族语。

当耶稣讲道的群众前时，他并非用古的犹太语，那摩西尝用了解释律法给他的同道漂泊的人听的。

他讲阿剌米亚语，商人的言语，这已成了古地中海社会中的质朴的人民的言语。

遥远的地平线

十五　航越地平线的腓尼基人

探险者是勇敢的人，为了他自己的好奇心，勇敢前进。

也许他住在高山之麓。

还有几千的别种人民虽也住在山麓，他们却十分知足地置山于不问。

这是很使得探险者不快乐的。他要知道这山里究竟隐藏了些什么神秘。一定要亲眼去看看，它的后面有否别一座山，或者一块平原？它的陡峻的悬崖是否突从海洋的黑浪升起来，还是俯瞰着沙漠？

晴美的一天，这真实的探险者离别了他的家族，和安适的家，出去探求。也许有一日他会回来，对他的漠不关心的亲戚诉述他的经验。也许他会被堕下的石块或是厉害的风雪所杀。那样，他绝不会回来，善良的邻人摇着他们的头，说："他得到了他所应得的。他为甚不守在家里如我们其余的人一样？"

但是这世界需要这种人，在他们已死了许多年，而别人由他们的发现已获得了利益后，他们往往接受着有相当的铭刻的雕像。

较最高的山更可惊的，是细细的远远的地平线，这似乎是世界的尽头。探险家经过了水天相接的地方，那里的一切都是黑暗的绝望和死灭。上天对于这般人是有好生之德的。

在人已造了他的第一只笨重的船以后的世世纪纪，他仍在相熟的海岸的乐景中，远离着地平线。

于是来了不知畏惧的腓尼基人，他们远远的越过视线以外的地方。突然地这被禁着的港洋变成了平安的商业的大道，而地平线的危险的威吓变成了神话。

这些腓尼基的航海者是塞姆人。他们的祖先是跟巴比伦人犹太人和一切的别种人一起住在阿剌伯的沙漠中。但是当犹太人占据巴力斯坦时，腓尼基人的城市已是几世纪的老者了。

那儿有两个腓尼基人的商业中心。

这叫作太尔（Tyre），而那叫作西顿（Sidan）。它们是建造在高的绝壁上，据传说没有仇敌能克取它们。为美索不达迷亚的人民的利益起见，他们的船到处行驶在地中海以采集物产。

起初航海者不过航行到法兰西和西班牙的远离的海岸，跟这土人交易，而赶速带了谷类和金属回家。后来他们在沿西班牙意大利希腊和远至出有价值的锡的细黎群岛（Soilly Islands）的海岸建筑了具有堡垒的商站。

腓尼基人

对于欧罗巴的野蛮人，这种商站似乎是美丽和奢华的梦景。他们请求商站中的人允许他们住近它的城墙，以便观看许多帆船，从不可知的东方载了很讨欢喜的商品进这海口时的奇观。渐渐地他们离弃了他们的茅篷，而在腓尼基人的堡垒的周围，亲自造了小的木屋。由此，许多商站渐变成了全邻地的一切的人民的市场。

今日这种大城如马舍尔斯（Marseilles）和加的兹（Cadiz）是骄傲着他们的腓尼基人的根原，但是他们的元祖，太尔和西顿已经死了而且已被忘却了二千余年，腓尼基人呢，没有一个遗留着。

这是厄运，但这也是十分应该的。

并没用了多大的努力，腓尼基人是渐渐富足了，但是他们不知道怎样得当地用他们的钱财。他们从不曾留意过书籍或学问。他们只是留意金钱。

他们在全世界买卖奴隶。他们强迫着外国的移民在他们的工场内工作。只要有机会时，他们欺骗着他们的邻人，使自己被地中海的其余一切的人民所痛恨。

他们是勇敢而奋力的航海者，他们不妨诚实的交易，也可以用欺诈和狡猾的方法得到眼前的利益。每每在选择这两种手段之一时，他们便显出他们的弱点来了。因为他们是世界中能够驾驶大船唯一的水手，所以其余一切的国家都想请他们去服务。一到别人也知道怎样把舵和开船时，便立刻驱逐了这些狡诈的腓尼基的商人。

从那时起，太尔和西顿于亚细亚的商业社会上失掉了他们旧有的把持权，他们从没奖励过艺术或科学。他们知道怎样搜索这七个海，将它们的投机改变成有利益的置产。然而没有国家能安稳地建立在只有物质的基础上。

腓尼基地方常是一个没有灵魂的会计室。

它的灭亡，因为它把善藏的财宝箱，和国家最高的理想，一样的看重。

十六　字母随在行商后

我已对你们说过埃及人怎样用小的图像保存言语。我已描述过楔样的记号，这给美索不达迷亚的人民用来做在家和在外的办理商业的便捷的方法。

但是我们自己的字母怎样呢？那些追随我们一生的，从我们落地时的人口证到我们丧葬时的讣闻的末一字的，坚实的小的字母是从哪里来的？它们是否埃及文巴比伦文或者阿剌米亚文，还是它们是绝然不同的东西？它们是每种文的一些些，如我现在所要告诉你们的。

以复述我们的言语为目的，我们近代的字母是一种不很完备的器具。有一天总有一个人会发明一种新的文字的组织，这会给我们的每一发音有一个它自己的小像。但是虽有它的许多不完备，我们近代的字母的语句同了它们的精密而正确的表兄弟——数码（它们从远离的印度漂流进欧罗巴时，几乎在字母第一次侵占后的十世纪）完成它们的日课，十分地精切而完全。然而这些字母的最初的历史是深深的神秘，须费许多年的刻苦的研究，我们才能解明它。

这是我们深知的——我们的字母不是突然被一个聪明的少年律法师发明的。这是几百年来从几种极老而又极复杂的组织中逐渐改进出来的。

在前一章，我已对你们说过，智慧的阿剌米亚商人的言语散遍在西亚细亚，做了国际的交通的方法。腓尼基人的言语，在他们的邻人中，总不会很通行。除了极少数的字句以外，我们不知道它是何种语言。然而他们的文字的组织是被带进了广漠的地中海的每一隅，每一腓尼基的属地成了它的更远的传递的中心点。

这是依旧还待解释的，为什么这对于艺术或科学没丝毫工作的腓尼基人，会偶然得了这种精密且便捷的文字的组织，而别的较优的国家仍忠诚地守着这古老笨拙的书写。

在一切的别件事以前，腓尼基人是实际的商人。他们并非到国外去欣赏风景。他们到欧罗巴的远隔的部分和阿非利加的更远的部分的航行，是以找寻财富为目的。在太尔和西顿中，光阴便是黄金，商业的纪录用象形文或萨谟利亚文写，是徒费忙碌的书记的可贵的时间，书记是可以派做更有用的差事的。

我们的近代的商业社会中，断定这种纪录口授的信札的老法子，在匆忙的近代生活是太慢了，有一聪明人发明了一种点和划的法式，它能像猎狗追赶野兔般紧追着口讲的言语。

我们称这种法式为“速写”。

腓尼基的商人做了同样的事情。

他们从埃及人的象形文借用了几个图象，并简单化了许多巴比伦人楔形的符号。

为了便利于迅速，他们牺牲了这老法式的美丽的形象，他们从前代的几千图象减少成只有廿二个简短而且便捷的字母。他们在家乡将它试用，待它证实了成功时，他们传它到国外。

在埃及文和巴比伦文中，文字是很严肃的事务——有些几乎是圣的了。有许多改善已被建议着，但是这些已被看做渎神的改革，常弃置不用。那无兴趣于敬神的腓尼基人成功了别人所已失败的。他们不能引用他们的字体于美索不达迷亚和埃及中，但是在全不知文字的艺术的地中海的人民中，腓尼基人的字母是一大成功，在那广漠的海的一切的角里，我们找到了花瓶，柱子和残迹上覆以腓尼基文的题铭。

那已迁住过爱琴海（Aegean Sea）的许多岛的印度欧罗巴的希腊人立刻采取了这外国字母来做他们自己的言语。某种希腊文的发音，不熟于塞姆的腓尼基人的听官的，须用他们自己的语句。这些是被发现而增加于别的上。

但是希腊人并不便止于此。

他们改进这语言的记录的全组织。

古亚细亚的人民的一切的文字的组织有一共同点。

复述了子音，但是读者是被逼着揣摩母音。

这是没有像它的想像般困难。

那印在我们的新闻纸中的广告和布告，我们时常省略母音。新闻记者和打电报者也时常发明他们自己的言语，这废去一切的过多的母音，而只用这种置备一骨架所必须的子音，当故事重写时，母音能从骨架中插入。

但是这种不完备的文字的组织，终不能成为通行的，希腊人用了他们的合宜的见解，加增了几个额外的符号，以重制了“A”“E”“I”“O”和“U”。这已做了后，他们有了一种让他们写几乎每种语言中的每件事物的字母。

在耶稣生前的五世纪，这些字母经过了亚得里亚海（Adriatic）而从雅典漂流到了罗马。

罗马的兵士带它们到西欧罗巴的最远的一角，并教给我们自己的祖先用这小的腓尼基人的符号。

十二世纪后，巴散丁（Byzantine）的传教师带这字母进了黑暗的俄罗斯的平原的隐沉的荒地。

今日全世界的一半以上的人民，用这种亚细亚的字母纪录着他们的思想，并保存着他们的知识的纪录，以利于他们的子子孙孙。

十七　古代的终了

至此，古代的人的故事是一惊奇的事业的纪录。沿尼罗河畔，在美索不达迷亚中和地中海的两岸上，人民已成就了伟大的事业，并且聪明的领袖已完成了非凡的功绩。在那里，在历史中的第一次，人已停止了做漂泊的动物。他已给他自己造了屋子村庄和广大的城市。

他已建立了国家。

他已学得了建筑和驾驶快帆船（Swift-sailing boats）的艺术。

他已细心考察过天空，在他自己的心灵中，他已发现某种重要的道德律，这使他做了他所崇拜的神祇的同种。他已置下了一切更深的我们的知识，我们的科学，我们的艺术和那些使生活远超于孳孳然只谋食宿的基础。

一切之中最重要的，他已发明了一种纪录发音的组织，这给他的子子孙孙可以知道他们祖先的经验的利益，并且可以集得这样多的知识，致他们能使自己做了自然之力的主人。

但是随着这许多功劳，古代的人有一个大失败。

他太做了习俗的奴隶了。

他并不问充足的理由。

他的理由是“在我以前，我的父亲做了如此如此的一件事情；在我的父亲前，我的祖父做了它，他们俩的遭遇是好的，所以这件事情，对我也当是好的；我一定不改变它”。他忘了这种忍耐的事实的承受，永不会提高我们，到普通的动物以上。

有一次一定有一个天才的人，拒绝了再用他的长而卷曲的尾巴的帮助从树到树的运转着（如一切的他的同族已在他以前做过的），而开始用他的脚走。

但古代的人已失了这事实的观察，而继续着用他的最初的祖先的木犁（Wooden Plon），并且继续着相信那一万年以前便被崇拜着的同样的神祇，而且还教导他的子女照样做。

代替了向前进，他站住了；这是不幸的。

有一民族新而更有力的在地平线上显现着，这古代是灭亡了。

我们叫这些新的人民做印度欧罗巴人。像你和我，他们是白人；他们讲的言语是我们全欧罗巴人言语的同一祖先；除了匈牙利人，芬兰人和北西班牙的巴斯克人（The Basque）以外。

我们初次听到他们时，他们已在沿里海的两岸建着他们的家几世纪。但是有一日（这种理由我们全不知道）他们包扎了他们的所有物，置于他们所已驯养熟的马背上，他们聚集了他们的牛、狗和羊，开始漂泊着，以找寻远地的幸福和食物。其中有些迁进了中亚细亚的山中；他们好久地住在伊兰的高原之山峰间，因此他们被叫作伊兰人或雅利安人（Aryans）。其余的慢慢地随了西沉的太阳而占有了西欧罗巴的广漠的平原。

他们几乎跟在这书起初几页所显现了他们的形象的历史以前的人一样地不开化。但是他们是耐得住苦的种族而且是善于战斗的；他们似乎已省力地占据了这石器时代的人的猎场和草原。

他们还是十分地无知，但是谢谢侥幸的命运之神，他们是精灵的。那被地中海的商人带给他们的古代的学识，他们很迅速地采为已有。

但是埃及巴比伦和加尔底亚的陈旧的学识，他们仅仅用来做更高和更好的事物的基石。话归本题，关于“习俗”对他们是全无意义，他们以为宇宙是他们的，考察和利用那他们所视为合宜的，乃是他们的责任，以人类的深察的知识鉴定一切的经验。

所以不久他们远越了那些古代所已认做越不过的栅栏的界限——类如心灵的月亮之山（Mountatns of The Moon）。于是他们反对着他们的前主人，在一短期内，一新而有力的文化补

殖民地

充了古亚细亚时代的陈旧的结构。

关于这些印度欧罗巴人和他们的企业，我将在《人类的故事》中给你们一个详细的叙述，它对你们讲到希腊人、罗马人和世界中一切的别种人。

国图典藏版本展示

古代的人

1927

上海開明書店印行

一九二七年十一月初版

古代的人

ANCIENT MAN

BY

H. W. VAN LOON

原著者　房龍

翻譯者　林徽音

發行者　開明書店

總發行所　上海望平街　開明書店

實價大洋五角

（外埠酌加寄費）

都序

范龍的書，已經我們中國人繙譯出來的，在我所曉得的範圍以內，只有沈性仁女士譯的『人類故事』現在我的朋友林徽音譯的『古代的人』，又在這裏與中國的小朋友們見面了．

『人類故事』，我沒有看過，可是這一本『古代的人』，因爲徽音在繙譯的當初，曾經和我商榷過幾次，所以我的確是爲他看過一遍的．

書的內容，和范龍的作書方法，在他的原序裏就可以看出來：

I am not going to present you with a text-book. Neither will it be a volume of pictures. It will not even be a regular history in the accepted sense of the word.

I shall just take both of you by the hand and together we shall wander forth to explore the intricate wilderness of the bygone ages.

范龍的這一種方法，實在巧妙不過。乾燥無味的科學常識，經他那麼的一寫，無論大人小孩，讀他的書的人，都覺得娓娓忘倦了。你一行一行的讀下去，就彷彿是和一位白鬍鬚的老頭兒進了歷史博物館在遊覽。你看見一件奇怪的東西，他就告訴你一段故事。說的時候，有這老頭兒的和顏笑貌，有這老頭兒的咳嗽聲音在內，你到了讀完的時候，就覺得這老頭兒不見了，但心裏還想尋着他來，再要他講些古代的話給你聽聽。

范龍的筆，有這一種魔力。但這也不是他的特創，這不過是將文學家的手法，拿來用以講述科學而已。

這一種方法，古時原是有的，但近來似乎格外的流行了。像詩人雪萊（Shelley）的傳記，有人在用小說的體裁演寫，Abelard 和 Heloise 的故事，有人在當作現實的事情描摩.可是將這一種方法,應用到敘述科學上來,從前試過的人,也許有過,但是成功的,却只有范龍一篇.

Tyn Dall 的講結晶,Macaulay 的敘歷史,都不過是字面雄豪,文章美麗而已,從沒有這樣的安易,這樣的自在,這樣的使你不費力而能得到正確的智識的.像這一種方法,我希望中國的科學家也能常常應用,可使一般懶惰的中國智識階級,也能於茶餘飯後,得到一點科學常識,好打破他們的天圓地方,運命前定的觀念.

最後,我還想說一說微音的譯這一本書的緣故.

去年他失了業,時常跑到我這裏來.可憐我當時的狀態,也和他一樣,所以雖則心裏很對他表同情,但事實上却一點兒也不能幫他的忙.有一天下雨的午後,他又來和我默默的對坐了半點鐘.我因爲沒有什麽話講,所以就問他:『你近來做點什麽事情?』他囁嚅地說:『我想繙譯一點書來賣錢.』我又問他:『你繙譯的是什麽書?』他回答說,就是這一本『古代的人.』當時我聽了很喜歡,因爲他也能做一點可以完全自主,不去搖尾乞憐的事情了．但後來聽他一說，『出版的地方還找不着！』我又有點擔起心事來了，所以就答應他說：『你譯好了，我就可以爲你出版．』後來經過了半年他書已譯好，但我爲他出版的能力，却喪失掉了，所以末了只好爲他去介紹給孫福熙．福熙現在又跑走了，他的那本『古代的人』最後才落到了開明書店的手裏．此刻聽說書已排就，不日要付印了，我爲補報他的屢次的失望起見，就爲他做了這一篇序，雖然這序文是不足重輕的．

一九二七年，八月廿六，郁達夫於上海．

譯者序

這已是去年夏天的事了朋友仁松送了我幾本『現代叢書，』其中的一本就是這房龍的『古代的人』。我看了覺得很有趣味，就打算把它譯出但是在已譯到了三分之一的時候，我不知怎樣終止了我的進行。

今年自我失業以後，很覺無聊便時常去看看朋友們。一日在創造社，達夫問起我近來寫了什麼來沒有。『什麼都沒有寫，連已譯了三分之一的「古代的人」也不高興譯下去』。他聽了便鼓勵我繼續着譯，並擔任把它在創造社出版；我就費了一月的工夫，把它譯完了。

不幸的人連譯了的書也是不幸的，我剛把『古代的人』譯畢，達夫正在那時離開了創造社；後經了再三的轉折，才落到了錫琛先生的手裏；這可說是一件不幸之中的幸事。

在這書付排的時候，我正在杭州，因此本書的設計，全勞了景深先生的神，而且插圖中的文字也全由他譯出，我特在此提出我對於景深先生的謝意。

末了，我謝謝達夫的鼓勵與序文。

徽音一六，一二，三，上海。

題首

致罕斯機與威廉,

我的最親愛的小兒們:

你們一個是十二歲,一個是八歲。不久你們便會長大成人。你們要離別家庭,去開創你們自己的生活。我已經想到那一日,躊躇着我能幫助你們些什麼。終究我已得了一個觀念。最好的指南針是澈底地了解人類的生長和經驗。所以我要專替你們寫一部特種的歷史。

現在我拿了我的忠誠的科洛那(Corona,是筆的牌號)五瓶墨水一盒火柴和一束紙,而開始工作着第一集。如其一切順利,接着還有八集,它們會給你們詳述關於最近的六千年來你們所應當知道的事.

在你們開始讀着以前,讓我來釋明我所想做的.

我不是在贈給你們一册課本.它也不是一卷畫集.它甚至於不是一本歷史,如同這兩個字通常所含的意義一樣.

我只是要手攜着你們倆,我們要一起向前漂泊着到這古代的,奥妙的曠野去探險.

我要指給你們看神秘的江河,這似乎是沒有起源的地方而且被命定着達不到它終極的目的地.

我要帶你們切近着危險的深淵,謹慎地隱藏在層出不窮的快樂的而又迷惑的,癡情之境(Romanoe)的下面.

往往我們要離開踏平了的道路,爬上一個孤獨而寂寞的山峯,這山峯是高聳於周圍的村莊的上面的.

除非我們非常地僥倖,我們有時要困迷於突然而起的稠密的無知之霧中.

我們無論到何處去，應披着人類的同情與了解的熱誠的大襟，因爲廣漠的平原會變成不毛的沙漠——被捲於民衆的損害和個人的貪慾的冷酷的狂潮；如非我們善備了來，我們要捨棄了我們的人類的信仰，那是親愛的小兒們能對我們的任何人所發生的最壞的事情。

我不願自命爲一個萬事精通的嚮導。無論何時你們一有機會便可以跟別的那先前已經過了這同一路由的旅客們斟酌去。你可以把我的話同他們的觀察比較一下，如果這引導你們到一不同的結論時，我決不會惱怒你們的。

以前我從沒有訓誨過你們。

如今我也不是在訓誨你們。

你們知道這世界所盼望於你們的是什麼——就是你們要做這共同事業的你們的一分，而且要勇敢，愉快地做它。

如其這些書能幫助你們，那是更好。

以我的至愛，我奉獻這些歷史於你們，並奉獻給那些在生命之途上與你們爲伴的男孩們和女孩們.

亨特立克威廉房龍（Hendrik William Van Loon）

目錄

插圖目次

一　歷史以前的人

哥倫布要四星期多才能從西班牙航行到西印度羣島；反之我們在如飛的汽船中只要十六小時便能駛過洋面了。

五百年前要三四年才能抄成一本書籍；我們有了活排鉛字機和旋轉印刷機，只要兩天便能印成一本新書了。

我們很知道了些解剖學，化學，鑛物學並熟悉了論千種的不同的科學，這些從前的人是連名字都不知道的。

然而在一方面，我們是跟原人一般地矇然——我們不明白我們從何處來。我們不明白人類如何，爲何或何時才進行到這『宇宙』中。我們雖恣意地想遍了千方萬法，却仍舊只能照着童話的老方法，這樣起頭：

『從前有一個人。』

這人生在幾千百年以前。

他是怎樣的相貌呢？

我們不知道。我們從沒見過他的圖像。有時候我們從深的古代的泥土中尋見他的幾塊骨骼來。它們攙和在早已絕跡於這地球的動物的骨骼中。我們用這些骨骼來重搆成這曾做過我們祖先的奇異的形像。

人類的始祖是一種很醜陋而不動人的哺乳動物。他是十分地小。太陽的熱光和冬日的烈風使他的皮膚轉爲深褐色。他的頭和肢體的大部分都被長的毛髮覆蓋着。他的手好像猴子的手指很細，但很有力他的前額是低的。他的牙床是像野獸的牙床一般，用牙齒如用刀叉。

他不穿衣服。除了以它們的烟和鎔石充滿了這地球的隆隆的火山之焰外，他看不遇危險時，他會喊出一種警告他同族人的聲音，這正像狗見了陌生人會叫一樣。在好幾方面，他還遠不如一只養家的小狗或小貓動人。

總之，古人是很可憐的，他住在驚恐和飢餓的時代，他周圍是論千的仇敵，他是永遠被親朋的幽靈作祟着，那些親朋是已被狼熊或齒利如刀的虎所吞食了的。

關於這人的最初的歷史，我們一些都不知道。他沒有器具，也不蓋屋，他生了死了，並不留一點他曾經存在的痕跡。從他的骨殖，我們才追知他是生在二千世紀以前。其餘的是曚昧不明。

直到了有名的『石器時代，』人才學得了我們所謂文化的初步原理。

關於這石器時代，我得詳細地告訴你們。

二　宇宙漸漸地冷了

氣候有所變化.

古人並不知『時間』是什麼,生日結婚紀念或死期於他全無紀錄.日子,星期或年歲於他毫無概念.

常早上太陽升起時,他並不說『又是一天.』他說『這是「光.」』他便利用了這朝日的光線去爲他的一家採集食物.

天在漸漸地暗的時候,他回去,把他白天所得到的一部分(大概是些漿果和幾隻鳥雀)給他的妻子和小孩.他自己呢,喫飽了生肉便去睡覺.

他從長期的經驗而知道了季候的變遷，寒冷的冬天過了，便照例的來了溫和的春天，春天老去，便是炎熱的夏天，那時果子也成熟了，稻麥等的穗也可採食了，夏天一過，暴風便來吹落樹上的葉子，並且有些動物便爬進洞去過那長期的蟄伏。

季候老是這樣變遷着，古人領悟了這些有用的寒來暑往的變遷，可是並不發生疑問，他活着那便很够使他滿足了。

然而，驟然有很使他煩擾的事情發生了。

炎熱的夏天來得很遲，果子一些也不成熟。本來常被青草覆蓋着的山頂，現在却深藏在一層厚厚的雪的底下了。

一日早晨，有一大羣跟他山谷中的居民不同的野人從高山上來了。

他們所說的話，沒有一個人能够懂得。他們貌似瘦瘠而面現飢容。他們似乎的被飢寒所迫，而離了他們的老家。

這谷中的食物不足供給新來舊在的兩民族，他們想久居時，便發生了一場驚人的爭鬪，而全民族都被殺死了。其餘的人便逃入了森林，以後也沒有再見過。

好久好久並沒有稍微重要的事情發生。

不過，老是日漸漸地短而夜較平時爲冷。

後來，在兩高山之罅竅間顯現了一小塊微綠的冰塊。這冰塊日積月累地漲大。一條龐大的冰川很慢地從山坡上滾下來；大石塊被衝入溪谷中。在驚天動地的聲音中，大石塊忽然從驚嚇着的人民中滾過，而將正睡着的他們壓死了。百年的大樹被牆般高的冰塊擠得粉碎，這無論對於人或獸是一般地沒有憐恤之情。

終究下雪了。

雪是盤月盤月地下着。

一切的植物全死了。動物奔就南方的太陽。這山谷便成了不能再居人的場所。人背了他的子女，帶了幾件用作利器的石片前去另覓新家。

我們不明白爲甚這宇宙到了某一時期必得變冷。我們連那原由都揣摩不出。

然而，氣候的漸低，使人類起了一個重大的變化．

有一時，人類似乎要死得一個都不留．但是結果這氣候的變化反造福於人類．氣候殺盡了弱者的全體，使餘生者爲繼續保存生命起見不得不發展他們的智能．臨到了不能沉思便須速死的當兒，卽用那前曾從石片做成斧頭的腦筋現在解決了些上代人從不曾想到過的困難問題．

第一步，來了穿衣的問題．若不藉人工的遮蔽物，這簡直會冷得受不住．在北極的熊，野牛，和別的野獸身上，都有一層厚厚的毛以禦冰雪之寒．人卻沒有這種類似的禦寒物．他的皮膚是很柔弱的，而遭遇的卻頗嚴酷．

他用了很簡便的法子解決了他的穿衣問題．他掘了一個地洞，用枝葉小草等覆蓋著．熊走來的時候，便跌入這人工的地穴中．他等到它餓得疲乏之時，便用大石擊死它．他用塊鋒利的火石從它的背上割下了它的毛皮．於是他把它在稀疎的日光下曬乾了，披在肩上，以享受熊曾享受過的幸福而安適的溫暖．

其次，是住屋的問題。有許多動物是慣於睡在黑暗的洞中的。人也照樣尋到了一個空洞。他跟蝙蝠和各種爬蟲類住在一起，毫不介意。只要他的新屋能够使他得到溫暖，他就滿足了。

起雷陣的時候，時常樹枝被電擊倒了。有時全森林着了火，人看見過這些燎原之火，他走的太近時，便會被熱氣所衝去。現在他記起了火能生熱。

本來火老是做着人的仇敵的，現在却成爲朋友了。

把枯樹拖進洞來，再從着火的樹林裏取出尙未熄滅的樹枝拿回來引燃枯樹，屋中便滿佈着特異而快適的熱氣。

也許你要笑，這些似乎全是很簡易的事情。我們之所以把它們看成很簡易，就是因爲有人在許多許多年以前，用他的聰明早已想明了的緣故。然而當第一個洞中安適地用枯樹引火時，比第一家人家用電燈時，更來的引人注意。

在後來有一特殊伶俐的人，偶得了將生肉擲在火灰中煨了喫的觀念時，在人類智識的總和上他已加上了一分這使穴居的人覺得已到了文化的頂點.

如今我們聽到又一驚異的發明時我們是很驕傲的.

『人的悟性,還能更有所成就嗎?』我們問.

我們滿意的笑,因爲我們住在這超凡的時期內,從沒人有過如我們的工程師和化學家所成就的如此的奇事.

在四萬年前,這宇宙還在凍得死人的時代,有一不櫛不沐的穴居的人(用他的褐色的手指和他的大而白的牙齒,旋去一只半死了的小鷄的毛——將毛和骨隨地棄了傚他和他的全家人的床褥的,)學得了怎樣生肉會從火之餘燼中變成可口的食物時,也會覺得一樣地快樂,一樣地驕傲.

『怎樣可驚異的年代呀,』他會說.他會躺在他那當飯糧喫了的動物的腐爛的骨骼中,而幻想他自己的完滿,那時小狗般大的蝙蝠不息地飛過洞穴,小貓般大的耗子從屑堆中搜尋餘粒.

那是常有的事山洞被四圍的巖石壓坍了。於是人也撓和在親自爲他犧牲的動物的骨頭中。

數千年後人類學家(問你的父親那是什麽意思)帶了他的小鏟和獨輪車來了。

他掘，掘，掘，終究掘出了這幕陳舊的悲劇由此，我也可告訴你們關於牠的一切。

三　石器時代的終了

在嚴寒期，爲生存的掙扎是可驚的。有好幾種人和動物。我們尋到了他們的骨頭的。可是，在這地球上，已絕了他們的蹤跡。

全種族均被飢寒與缺乏所抹去。年幼的先死，繼而年長的也死。古代的人是聽命於那趕速來佔據這無可防護的山洞的野獸。直到氣候又改變了，或者空氣中的濕度漸低，至使那些野性的侵佔者不可再生存時，他們便被逼的退住到阿非利加叢林中去，至今他們還是住在那兒。

因爲那些我所一定要敘述的變遷，是這樣地遲遲的，這樣地漸漸的，我的這一部分的歷史，便很不容易寫了。

自然是永不急躁的。她有成就她事業的無窮的時間，她能以深思熟慮供給於必要的變遷。

當冰塊遠降於山谷之下而散佈在大部的歐羅巴大陸上時，歷史以前的人至少已生存過四個明確的時代。

大約在三萬年前，其中的末一時代到了它的終點。

從那時以後，人留給了我們器具兵器和圖像以證明他確然存在過，而且，我們大概可以說歷史開端了，當末了的一個嚴寒時代成爲過去的事實時。

爲生存的無窮的競爭，給了餘生者以許多的智識。

當時的石器和木器，如我們今日的鐵器一般地通行。

拙笨的碎片的火石斧，漸漸地變成更切實用的磨光的火石了。人用了還可襲擊那自始便給制伏着的許多動物。

龐大的象不再見了。

麝牛退居於南北極一帶去了.

老虎到底離開了歐羅巴.

穴居的熊不再食小孩了.

一切生物中最柔弱而最無助的『人,』用了他強有力的腦筋,造出了如此可怕的破壞器,他現在成了動物界的領袖了.

對於『自然』的第一次偉大的勝利已經得到,但是其餘的不久便也繼續着.

完備了漁獵的兩種器具,穴居的人便去尋覓新居留地了.

湖邊河沿是最容易得到日用糧食的地方.

人類捨棄了舊穴而移向水邊去了.

現在人能執了重重的斧頭不很費事地將樹砍下來了.

鳥類不斷地用木片和青草在樹枝中造成他們安適的窠.

人抄襲了他們的成法.

他也爲他自己造了一窠而叫他做『家』

除了亞細亞的一小部分外他並不附着樹枝造，那里他嫌太小些，並且生活也不安全。

他砍下了許多木材，將這些木材密密地推下柔滑的淺湖的底下去。在那些上面，他築一座木頭的平臺，在平臺上面蓋他的破天荒的木屋。

這使他得到了較舊穴更多的利益。

沒有野獸和刧奪者能够侵入這屋子了。湖的本身便是一間用不盡的貯藏室，那里供給着無窮的炸魚。

這些造在樁上的屋子，比舊穴要堅固得多，而且小孩也由此得到了一個長成健全的人的機會。人口穩定地增長着，從沒被佔據過的廣闊的曠野，人也開始去佔據了。

與時俱進的新發明，使得生命更安適而少危險。

實在，這些革新，不是藉了人的聰明的腦筋。

他僅僅抄襲了動物.

你們自然知道有很多的獸類,當物產豐富的夏天,收藏了許多堅果,橡實和別種食物以備長冬之需.只要看松鼠,它永遠爲冬季和早春在它園中的儲藏室內預備着食品,就可以明白了.

有些地方智識還不如松鼠的古人,還不知怎樣爲將來預存些東西.他喫飽了便任憑那些剩餘的東西腐爛掉,因爲當時他不需要它,結果,到了寒天,他時常得不到他的食物,因此,他的大多部分的小孩,便死於飢餓和缺乏之中了.後來他學了動物的樣子,當收獲正盛,穀麥正多的時候,收藏得很豐富,以備將來之用.

我們不知道那一個天才,創始用陶器,然而他是應得建像的.

大概的情形是這樣的,有一女子做倦了她日常的廚下的工作,打算對她的家政稍微弄出一些條理來.她注意到暴露在日光之下的泥塊會炙成堅硬的質地.

如一塊平的泥會變成一塊磚瓦,那末一塊微凹的泥也一定會變成一件微凹的東西.

注意,磚瓦變成了陶器時,人類便能爲明天保存食物了.

如果你以爲我讚美陶器的發明是誇大的,你就留心你晨餐桌上的陶器(有各式各樣的,)看它在你的生活中有怎樣的意義.

你的雀麥麵是用盆子盛着.

乳酪是用瓶子裝着.

你的鷄子是放在碟子內,從廚房裏送到你的餐室的桌子上.

你的牛乳是倒在有柄的瓷杯內送給你.

再到貯藏室去(如果你家裏沒有貯藏室,到最近的一家熟食鋪去,)你會看見各種食物,也許明天就得喫着的,也許要到下星期或明年才得喫着的,都放在缸內,瓶內,杯內和別種人造的容器內,那些『自然』並沒有爲我們設備,只好由人發明而完成之因爲

那樣才可以一年到頭無乏食之虞.

就是一個煤氣池也不過是一只大缸，所以用鐵做者，因爲鐵沒有瓷般容易碎，沒有粘土般多微隙，桶瓶壺罐等也是如此.它們都是同樣地用來給我們爲將來保存現時所多着的食物.

因它能爲他日的需要而預存可喫的東西，人才種了菜疏和五穀，餘下的保存了以備將來之消用.

這可解明了爲甚我們從石器時代的後期，尋到了最初闢成的麥田和菜園，羣集在先前的樁上居民（Pile-dwellers）的居留地的周圍.

這也可使我們明白爲甚人結束了他的漂泊的生活而佔着一固定的地點，在那里生着他的子女，直到死了，便合適地葬在他本族的中間.

這是可信的，如果我們這些最初的祖先能繼續活着，他們定會隨意地脫出了他們的野蠻.

然而驟然地一個終期隔離了他們.

歷史以前的人是發現了.

有一個從無窮的南方來的旅客,勇敢地經過了狂暴的海和險峻的山路而達到了野人聚居的中歐羅巴.

在他的背上他負了一個包.

他展開他的物品在土人面前土人們一看,不覺張口結舌驚詫不已,他們的眼不轉睛地注視着這些奇怪東西是他們連夢想都從不敢夢想的.

他們看見古銅的鎚和斧,鐵製的器具銅製的盃和美麗的飾物等,其中有一種是五顏六色的東西,那從外國來的人稱這東西爲『玻璃』.

當夜石器時代便到了它的終極.

一個新進的文化來補充了,它擲棄了幾世紀來的木石的器具,而埋下了那『鐵器時代』的基礎,這至今還是持續着.

此後我要在此書中對你們詳述的就是關於這新文化；而且如你們不介意，我們要將北大陸擱置二千年而一訪埃及和西亞細亞。

『然而，』你要說『這是不公允。你應許我們講解歷史以前的人的，可是才在感到那故事的興趣時，你便結束了那一章而跳到世界的別一部去了，而且不管我們的喜歡不喜歡，也得跟着你跳。』

我知道。這似乎做的不大對。

不幸地，歷史絕不跟數學相同。

你解答數學習題時，你是從子到丑，從丑到寅，從寅到卯……按步就班地做去。

歷史是恰恰相反，與整潔和秩序是毫不相關的。從子跳到亥，然後跳回到寅，接着再跳到申。

這有一個完滿的理由。

歷史並不就是精密的科學。

歷史是講到人類的故事的，雖然我們頗想改變他們的天性，他們總不能照着九九表般整齊而精密的行爲的．

從沒有兩個人絲毫不錯地做過同樣的事情．

從沒有兩個人的思想確切地達到同樣的結論．

你長大起來時，你自己會觀察得到．

幾百世紀以前的情形並不兩樣．

我剛對你們說過；歷史以前的人是在一步一步地進步着的，

他爲活着，曾處治了冰雪和野獸，而且那些本來是很多的．

他曾發明了不少的有用的東西．

然而，那世界的別一部人突然進了這族來．

他們向前猛進得驚人，在一個很短促的時期內他們達到了文化的最高點，這是在這地球上以前所從沒發見過的文化．於是以他們所知道的去教導那些智識不如他們的人。

現在我已將這些對你們解釋明白了，這不是似乎此書的每一章全該被埃及人和西亞細亞人所佔去麼？

四　人類之最初的學校

我們是實用時代的驕子。

我們坐在小的自動的我們叫它做汽車的裏面從這里旅行到那里。

我們要對住在千哩以外的朋友談話時，我們便對橡皮管『哈羅』（Hallo）一聲，並報了一個在芝加哥的德律風的某一個號數。

夜了，房間內漸現黑暗時，我們一扭機括便有光了。

如其我們覺到冷時，我們再扭另一機括，我們的書室內便佈滿了電汽火爐所發出的溫適的光熱。

反之，在炎熱的夏天時，那同樣的電流會鼓動成一種細微的人工的風波（就是電扇，）使得我們涼爽而舒適.

我們好像是各種自然力的主人，我們役使它們如同很忠誠的奴隸般爲我們做事.

不過，在你誇詡我們的顯赫的事業時，不要忘記了一件事.

我們在古代的人經了千辛萬苦所築成的聰明的基礎上，建造着我們的近代文化的大廈.

以下數章，每頁上會見到的他們古怪的名字，請你們不要驚詫.

巴比倫人，埃及人，加爾底亞人(Chaldeans)和薩馬利亞人(Sumerians)是全已死去了，然而，他們依舊影響着我們生活中的每一件事：我們寫的文字，我們用的言語，我們在造一座橋或建一幢高廈大屋之前所必須解答的複雜的算題.

他們應得我們的懷念的敬意，直到這地球停止了在宇宙的廣空中旋轉爲止.

現在我要對你們講這些古代的人民，是分住在三處的.

其中的二處，是建設在廣闊的江河之兩岸.

第三處位於地中海之濱.

最初的文化中心,發展於埃及的尼羅河流域.

第二個是在西亞細亞的二大河之間的肥沃的平原上,古代人給它起一個名字,叫做美索不達迷亞(Mesopotamia).

第三個你會沿地中海之濱找到,那里居住着腓尼基人(Phoenicians)——全僑民之中最早者,還居住着猶太人,他們以他們的道德律的基本原理給予世界的其餘部分.

第三個文化的中心照古代的巴比倫的名字叫蘇立(Suri),或者照我們的發音是叙利亞(Syria).

生在這些區域內的人民的歷史有五千餘年.

這是節複雜而又複雜的歷史.

我不能對你們講解得十分詳細.

我要試將他們所經歷的事跡編成一件織物,它會像你讀過的瑟希辣最德(Scheherazade）講給公正的哈綸(Harun the Just)聽的故事中的使人驚異的毛毡之一張.

五　象形文字的釋明

在耶穌生前五十年，羅馬人克服了沿地中海東岸諸地，在新得的領土之內，有一國叫做埃及．

在我們的歷史中演了這樣長一幕的羅馬人，是講實際的人類．他們造橋，他們築路，並且他們只用了不多，但是深有訓練的軍隊和民政長官管領了大部的歐羅巴，東阿非利加和西亞細亞．

至於藝術和科學，他們並不感到深切的興味．他們狐疑地以為能品簫或能寫一首詠春之詩的人，是比較能走繩索的或教養得他的哈巴狗會用後足立起來的伶俐人稍高一籌而已．他們讓那些事情給他們所藐視的希臘人和東方人去做，他們自己呢，只是日夜地整頓他們的本國和很多的領土所組成的大帝國。

當他們初到埃及時，埃及已古老得可驚了。

等到埃及人有歷史時早已過了六千五百餘年。

在還沒有人夢想到在台伯河（Tiber）的濕地中造一城市的好久之前，埃及的帝王們便已管領着廣闊的領域，而以他們的宮殿爲各種文化之中心了。

當羅馬人還在野蠻，用笨拙的石斧狩獵狠和熊時，埃及人已在著書，已在施行微妙的醫學上的手術，並已在教他們的小孩九九表了。

他們的發明中最重要而最驚奇的，要算他們的子子孫孫都能由此得益的，那保存他們口講的語言和腦想的意思的藝術了。

我們稱它做書寫的藝術。

我們是這樣地跟文字不可須臾離，竟不明白人們沒有了書籍，報紙和雜誌怎樣能够生活着。

然而，他們是那樣生活過了的。他們生存在這地球上的初期的百萬年進步得如此之遲，這便是一個主要原由。

他們是像貓狗般，只能教它們的小貓小狗一些簡略的事情，如爬樹見了生人便叫等類；因他們不能書寫，他們便無法來襲用他們無數的祖先的經驗了。

這嘮叨得幾乎可笑，不是嗎？

為何對於如此平常的事情要這般地大驚小怪？

然而，當你寫信時你曾停過筆想過什麼來沒有？

比如你是到山中旅行而見了一隻鹿。

你想將這個告訴給你住在城中的父親聽。

你甚麼辦？

你在一張紙上點了許多的點，劃了許多的劃，你更加了些點，劃在信封上，並黏上了兩分郵票，便將你的信投進郵政箱去了。

你眞做了些什麼來?

你將潦草的七灣八曲的字代替了你口講的言語.

然而你怎知你畫了些這樣的曲辮子,會使郵政局員和你的父親重譯做口講的言語呢?

你知道,因爲已經有人教過你畫怎樣的正確的形像便代替了怎樣的口講言語的聲音.

我們稍用幾個字母來看它們造成的法子.

我們發一喉音而寫下了『G.』

我們讓空氣從我們緊閉着的牙齒流出而寫下了『S.』

我們張大了我們的嘴,如汽機般發出一音,那聲音便是『H.』

這人類在幾千百年中所發見的,給埃及人去成就了.

當然,他們並不是用印成這本書所用的字母.

他們有他們自己約組織.

那比我們所有的美麗得多,不過稍微複雜一些.

那是由房屋和農場四周的小物件的圖像所組成的,如刀,犂,鳥,壺,盆等.他們的律法師將這些小圖像刻畫在廟宇的墻壁上,在他們死了的帝王的棺材上,和在乾了的紙草的葉子上——我們『紙』(Paper)的一字,就是從埃及的紙草(Papyws)一字而來.

但當羅馬人進了這廣大的藏書室時,他們顯然地既不消魂又不動情.

他們有他們自己的文字的組織,他們以爲它們要高超的多.

他們不知道希臘文(他們的字母是從這裏學得來的)是轉從腓尼基文得來,而腓尼基文又是借助於古老的埃及文才告完成的.他們不明白他們也不留意在他們的學校裏面只許教羅馬文;所能滿足了羅馬小孩的,便能滿足了任何人.

你會明白,在羅馬長官的輕視和抵制之下,埃及的語言便不再存在了.這是已被忘去了.這種死去,正如我們有好幾族的印第安人的語言已成爲過去的事物一樣.

繼羅馬人以管治埃及的阿拉伯人和土耳其人憎惡一切與他們的聖經可蘭所不同的文字.

後來在十六世紀的中葉有幾個西國的訪游者來到埃及,而對於這些奇特的形像稍感興味.

然而沒有一箇人解明它們的意義,而且,這些第一起來的歐羅巴人,只有跟那先他們來此的羅馬人和土耳其人同等的智力.

事情發生了,在十八世紀的末葉,有一姓波那帕脫的法蘭西將軍來到了埃及.他並不是去研習古史,在軍事上他想用埃及來做他遠征印度(不列顛的殖民地)的起點.這遠征是完全失敗了,然而他助成了解決古埃及文的神秘的問題.

在拿破崙波那帕脫的軍隊中,有一少年軍官叫布魯薩得(Broussard)的,他是屯扎尼羅河西口(這叫做羅塞達Rosetta河)上的聖猶利安(St. Julien)堡壘.

布魯薩得喜歡在尼羅河下游的殘墟中去詳探細究;一日他得到了一塊石頭,這使

他十分艱難以索解。

這像近處的別的東西一般上面刻着象形文。

然而這塊黑的火成石片跟以前所發見的都不同。

這上面刻着三種文字快活啊！其中之一種是希臘文。

希臘文是懂得的，

這幾乎可確定那節埃及文包藏着希臘文的譯文（或者說那節希臘文包藏着埃及文的譯文。）因此啟發古埃及文的鑰匙，彷彿已發見了。

然而經過了三十餘年艱深的研習，那適合那鎖的鑰匙方纔制成。

於是神秘的門開了，而埃及的古代的寶藏室也只好獻出它的秘密。

那一生在闡解這種文字的工作的是冉弗朗沙善波力溫（Jean Francois Chen-pollion）——我們通常稱他小善波力溫以別於他的哥哥（他也是一個很博學的人）法蘭西革命猝發時，小善波力溫還是一個小孩，所以他避免了在波那帕脫將軍的軍隊中服務.

當他的同胞接連地在得到榮耀的勝利時（也時常敗下來，這是大軍隊所常有的事，）善波力温在研究科普脫（Copts）——埃及本國的基督教——派的語言. 十九歲時，他被任命爲一所小的法蘭西大學的歷史教授，在那里他開始他的繙譯古埃及的象形文的偉大工作.

爲此，他用了那塊有名的羅塞達的黑石，就是那布魯薩得在尼羅河口附近的殘墟中所發見的.

那最初發見的石頭依舊在埃及. 拿破崙被逼的趕快地離去了這國度而顧不到那珍品了. 後來英吉利人在一千八百零一年克復了亞歷山大里亞（Alexandria），他們得到了那塊石頭，便帶它到了倫敦去，便在今日你還可從英吉利博物院見到它. 然而那刻文已抄了下來，帶到了法蘭西去而給善波力温用去了.

希臘文是很清楚. 刻着的是托勒密五世（Ptolemy V）和他的妻子姑斐巴（Cleopetra 就是莎士比亞所寫的又一姑婁巴的祖母）的故事。然而其餘的兩種刻文還不曾獻出它們的秘密。

其中之一種是象形文字，這是我們給有名的古埃及文的名字。這象形文字（Hie-rogely phic）一字，是希臘文，意思是『聖刻』（Sacred carving）。這字用得很好，因它將這文體的目的和性質全給解明了。發明這種藝術的祭師不欲平民跟這深含神秘性的保藏着的語言太爲接近。他們使文字成爲一種聖的事業。

它滿含着神秘和訓令，因此象形文字的雕刻看做一種聖的藝術而不許人民爲了如此平常的商業的目的而實習。

這條規例，在只有住在家裏而種植他們所需要的每種東西在自己田場內的純樸的農民居住時，一還能通行着。但埃及漸成爲一商埠，而那些經商的人，除了口講的語言外，還須一種互達意思的方法。所以他們膽大地採用了祭師的小的圖像，並爲他們自己的利便，而將它們簡單化了，自後他們用這一種新的文體寫他們的商業信件，這便成了

『民衆的語言，』我們叫『民衆的語言』也是根據了希臘文的原意而來的.

羅塞達石上的其餘兩種是希臘文的譯文，一種是聖的，一種是民衆的，而善波力溫卽由此二種文字從事他的研究.他儘力所能及捕搜尋了各種埃及的文體，用來和羅塞達石比較而研究之，直到克苦耐勞了二十年，才明白了十四個小像的意義。

那就是說，他每釋明一個圖像要費去一年多的光陰.後來他到埃及去，在一千八百二十三年他印出了他第一冊以古象形文字爲題的科學書，

九年後他因操作過度而死了，他是個眞實的殉於偉大的事業者，這事業在他童子時便已從事着.

然而他人雖死，他的事業不死.

別人繼續着他的工作.今日埃及古物學者(Egyptologists)能讀象形文字正如我們能讀我們的新聞紙般容易.

二十年工夫只釋明了十四個圖像的工作似乎很慢。但是讓我來告訴你們些善波力溫的困難。於是你便會明白，你明白了，你便會嘆服他的艱苦的工作。

古老的埃及人沒用過簡易的號語（Sign language）。他們越過了那一步。

自然，你是懂得號語是什麼的。

每本印度的故事書裏面都包含着一章異聞，那是用小像寫的。小孩在某某種場合中，如獵牛者或印第安的戰鬭者，間有爲他自己發明一種號語；一切的童子軍全都懂得。然而埃及的很有些不同，我要用幾個圖像來給你解釋淸楚，比如你是善波力溫在讀一件古代的紙草片，那是講到一住在尼羅河畔的農人。

忽然你讀到一個持鋸人的圖像。

『得啦，』你說，『那圖像的意思，自然這農人出去鋸下一株樹來。

你大概猜的不錯。』

你又拿起一頁象形文字。

裏面是講到一個年已八十二歲的皇后的故事．正在那頁中間又看到了那同樣的圖像．至少那是很躊躇了．皇后們是可以不用去鋸樹的．她們可以差別人代她們去做．年輕的皇后，也許爲操練的緣故而鋸樹，但八十二歲的皇后是跟她的貓兒和紡車住在屋內了．然而那却有那圖像．那畫它的古時的祭師，既將它留在那兒，必定有一種意義．

他究竟有什麼意義？

那謎語終究給善波力溫解出了．

他發見埃及人是最早用我們所謂『諧音文字』(Phonetic writing)的人．

正如其餘許多含科學意思的字一樣，『諧音』一字的語源是出於希臘．它的意思『是我們說話時所用的聲音的科學．』你們早已見過這希臘字『Phone』，這字的意思是聲音．它出現於我們的『電話』(Telephone)一字中，那是傳遞語聲至遠處的機器．

古時的埃及語是『諧音的；』這比號語的範圍廣的多．那原始式的號語，自穴居的人起始在他屋子的墻上刻畫野獸的圖像時就已用着了。

現在讓我們再回到那在講老年皇后的故事中突然出現的手拿鋸子的小人兒處來一回，顯然他拿了鋸子定有所作的。

"Saw"（鋸子）或解作你可從木匠作中得到的一件器具，或解作動詞"To Pel"（看）的既事式。

這是幾世紀來這字所遇的遭際。

起初的意思是一人拿着一柄鋸子。

繼而這意思成了我們將三個現代字母SA和W所拼綴着的發音。末了，將木匠器具的原意完全失去而這圖像便指了『看』的既事式。

這句仿古埃及的圖像畫成的現代英文句子會給你解明我的意思。

這或解作在你面部使你能看的兩只圓東西，（註）或解作『我』（I），就是在講話或在寫字的人。

（眼睛（eye）與I諧音——譯者註）

這或指採蜜的，你想捉它時，它會在你手指上刺一針的動物，或指動詞“to be”，這字的發音相同而意思是『存在』(to exist)，再這字還可做動詞如“be-come”（變成）“be-have”（行爲）的前半字。同樣蜜蜂（bee）的下面接着的

我們推知是指“leave”（生葉子）或“leaf”（葉子）一字的發音。將你的“bee”和“leaf”放在一起，那你便得到了綴成這動詞“beeleave”或照如今我們所寫的

"believe"（相信）的二個字音.

（『眼睛』你是已知道了.）

末了的一個圖像  好像是只長頸鹿.這是只長頸鹿,並且這還是古號語的一部分,凡那覺得甚是利便的便被繼續着採用.

於是,你得到下面的一句句子『我相信我看見了一只長頸鹿』(I believe I Saw giraffe).

這種組織,一經發明,便被幾千年來地改進着.

漸漸地許多最重要的圖像變成了簡易的字母或簡短的字音如 "fu" "em", "dee" 或 "Zu", 或如我們所寫的 f, m, d 和 z. 有了這些字的幫助,埃及人能寫下任何他們所想寫下的題材,並能毫不困難地將這一代的經驗保存了,以便利於後代的子孫.

一句話，那就是善波力溫用了他過度的，以至在他少年時卽被戕殺了的過度的研究所教給我們的。

那也就是爲甚我們今日知道埃及的歷史較任何別一個古國都淸楚一些的理由。

六　生之區與死之域

人的歷史是一飢餓的生物尋求食物的紀錄。

那里食物多而容易得到的，人便到那里去建他的家。

尼羅河流域的聲名一定在很早的日子便遠播着了。從各處來的野民羣居在尼羅河的兩岸。尼羅河的四周全被沙漠和海包圍着，所以除了堅毅卓越的男子和女子外，到這肥沃的牧場來的甚是不易。

我們不知道他們是誰。有的來自阿非利加的中部，他們有捲曲的頭髮和厚的嘴唇。

有的皮膚略帶黃色的從阿拉伯的沙漠和西亞細亞的寬廣之河的那面來。

他們彼此爲要佔此奇境而戰爭。

他們造好了的村莊被他們的鄰人毀壞，於是他們也去從那反被他們克服了的別一鄰人處奪取磚瓦來重造他們的村莊．

後來有一新的種族發達起來了．他們自稱『來密』(Remi)，這不過是『人們』的意思．他們對這名字很覺自豪，而且他們用這個名稱猶之我們說美利堅是『上帝自己的國家』一樣的意思．

當尼羅河的年瀰汎濫的時季，他們居住在一個鄉村中的小島上，這個小島爲了有海和沙漠，是跟世界的別部隔離着的．無疑地，這些人民是我們所稱的『獨幅的』(in-oular)，他們有鄉居者的習慣，很少跟他們的鄰人們有所接觸．

他們是惟我獨尊的．他們想他們的風俗，習慣終要比任何別族的都要好些．同樣，他們以爲他們自己的神祇要比別國的神祇有力．他們並非眞是輕視外國人，不過對他們似有些可憐；如可能，他們不讓他們住在埃及的領土內，恐怕他們本族的人民會給『洋氣』(foreign nations)所同化．

他們是善心的，很少做殘忍的事．他們是有耐性的，在事業之中他們是無所爭的生命是一平淡的賦與，他們把它看得很隨便，從不像北方的居民般只爲生存而競爭．

當太陽從血紅的沙漠盡頭的地平線升起時，他們到田間去工作．當太陽的最後的光線從山邊隱下去時，他們回去睡覺．

他們克苦地工作，跋涉，並用他們無智的淡漠和絕對的忍耐以忍受那所發生的無論什麽事．

他們相信這生命不過是那新的存在的引端，那新的存在當死亡駕臨時才開始．直到後來，埃及人看未來的生命遠重於現世的生命時，他們便從繁殖的田地而轉入於一洪大的神殿裏去供奉死人．

因爲大都的古流域的紙草卷講的是宗教事情的故事，我們很準確地知道埃及人敬畏些什麽神和他們怎樣盡力於爲那些已進永息之鄉的人們謀種種的幸福和安適．起初每一小村各自有一神．

這神常被假定居在奇形的石頭裏面或特大的樹枝裏面跟他做好朋友是有益的，因他能降災並能毀壞收穫和延長天旱的時期直至人民和牛羊全被乾死了爲止．所以村民贈與他禮物——有時供奉東西給他喫，有時供奉一束鮮花．

當埃及人去和仇敵開戰時．神祇是一定與俱的，甚至當他爲一面戰旗，在危急時，人民便在他的四周嘲笑他．

但當立國漸久，較好的街道也已築好，埃及人也開始出外遊行去了之後，那舊日的『非的希』(fetishes ——神祇，就是這種木石塊的稱呼）便失去了他們重要的意義，而被毀滅了，或被棄在不注意的牆角邊，或用來做階石或椅子．

他們的地位是被那些較前者更有力的新的神祇佔據去，他們是些影響着全流域的埃及人生命的自然力．

其中第一位神是使萬物生長的太陽．

次之是尼羅河，這節制着日中的熱度，並從河底帶上豐富的黏土以使田地潤澤而肥沃.

再次是在晚上乘着她的小舟划過弓似的天空的柔和的月;還有雷電和任何種能禍福於生命的東西——依照他們的喜悅和嗜好.

現在我們可以在屋上植避雷針,或是造蓄水池以備夏季無雨時不至絕了我們的生命.但是完全聽命於自然之力的古人,却不容易處置它們.

反之,它們成了在他的日常生活中所棄不了的一部——自他剛放進搖籃直到他的身體預備作永息的那日止,它們老伴着他.

他毫不能意想到此種廣大而有力的現象,如電光之閃爍或江河之汎濫,祇是非具人性的事物或人——或物——得做它們的主人,而管理它們,如機師之處治他的機器,或船主之駕駛他的船隻.

於是總神(God-in-chieh)被創立了,如軍隊之有主帥.

在他的治下有班低級的屬員.

在他們自己的領地以內，各自能獨立行動。

然而，在影響全民衆幸福的重要事情，他們得服從他們上司的命令。

埃及的無上神聖的主宰是叫做奧賽烈司(Osiris)。他的一生神奇的故事，一切的埃及的小孩全知道。

從前在尼羅河流域，有過一個名叫奧賽烈司的王。

他是一個善人；他教給他的百姓怎樣耕種他們的田地；他爲他的國度定了公正的律法。但是，他有一個惡的兄弟，他的名字叫塞司(Seth)。

現在，爲了他是如此的善良，塞司嫉妒奧賽烈司。一日，他請他去赴宴；後來，他說他願意給他看些東西。好奇的奧賽烈司問這是什麼。塞司說這是式樣滑稽的棺材，這會使人像穿套衣服般的合適。奧賽烈司說他願意試試。所以他臥進了這棺材，但是他剛進去，便彭！的一聲——塞司蓋了蓋。於是他召集了他的僕人，並命令他們將這棺材擲進尼羅河中去。

不久他的可怕的作爲的信息傳遍了全地，埃西(Isis)；深愛她丈夫的奧賽烈司的妻子；立刻到尼羅河畔去不多一回波浪將棺材衝上了岸來．於是她前去告訴她的兒子，和剌斯(Horus)他在另一地方管理着．但是她剛剛離開，這可惡的兄弟塞司便打進了皇宮而將奧賽烈司的身體割做十四塊．

埃西回來時，她覺察了塞司所做的事．她便拿起了十四塊死尸而將它們縫合．於是奧賽烈司復活了．他便永遠永遠地做着管理第二世界的王，這人們的已離了身體的靈魂都一定要經過的．

至於塞司，惡者，他想逃避，但是奧賽烈司和埃西的兒子和剌斯早順了他母親的警告，捉了他並殺了他．

這有一忠心的妻子，一可惡的兄弟和一盡職的兒子(他爲他父親復了仇的)的，而且這最後的勝利是善勝服了惡的故事，成了埃及人的宗教命脈的基礎．

奧賽烈司是奉爲全生物，就是那在冬日似乎死去然而到了次春仍能復蘇的生物之神因是來生（Life Hereaftir）的主宰，他末了審訊人們的行爲，並且致禍於曾用殘忍奸詐和虐待過弱者的人.

至於死人靈魂的世界，是在西方之高山的那面（這也就是年幼的尼羅之家.）埃及人要說有人已死了時，便說他『已歸了西』.

埃西跟她的丈夫奧賽烈司同享着崇奉和敬意.被奉爲太陽神的他們的兒子和剌斯——太陽從那里落下去的『地平線』(Horizon)之一字卽從此而來——成了新系的埃及王之第一位，並且一切的埃及的法老（Phoraohs 埃及王之專名——譯者）全將和剌斯做了他們的中名(Middie name).

自然，每一小城小村還繼續着崇拜少數的他們自己的神祇.但是就大體而言，一切的人民都承認奧賽烈司的最高權能而欲得到他的恩賜.

這不是件不足重輕的事情，而且引出了許多的奇俗.第一件，埃及人相信，如其不能保存那曾寄住於這世界過的身體，靈魂便不得進奧賽烈司之王國.

無論怎樣，死後的身體終得保存，且得給它一永久而安適的家。所以人一經死後，他的屍首便立刻以香料保存之。這是種艱難而複雜的手術。這種手術是由一半醫生半教士的官員同一副手（他的職司是在胸部開一從此放進柏油，末藥和肉桂的裂縫）的助力完成的。這副手是屬於所視為人們中最被輕蔑的特種人民。埃及人想肯做這種施暴力於人（無論活的或死的）的事情是可驚的；只有下等之最下等者才能被僱來做這種背民心的工作。

自後，教士重取了那身體，放進一種天然炭酸鈉（這是專為此用從遼遠的利比亞 Libya 沙漠取來的）的溶液中浸十星期之久。於是這身體已經成為『乾屍』(Mummy)，因為這是滿充以『末米亞』(Mumiai) 或柏油。這是裹裹重裹裹地裹在一種特備的麻布裏面，而將它放進一美麗地裝飾了的木棺材，以備給運到它的西方沙漠的最後之家。

墳墓是一小間在沙漠的沙土之中的石屋，或者是在山邊的一個空洞。